天元数学文化丛书

中国计算数学的初创

王　涛　著

科学出版社

北　京

内 容 简 介

计算数学是现代数学的一个重要分支，是 20 世纪 40 年代末随着电子计算机的发明而诞生的一个学科。鉴于计算数学在科学与工程计算中的重要性，中国在 20 世纪 50 年代中期开始大力发展计算数学。本书以计算数学研究机构与教学专业的建立为主线，回顾中国计算数学的初创历程。

本书可供数学史研究者参考，也可供数学文化爱好者阅读。

图书在版编目(CIP)数据

中国计算数学的初创/王涛著. —北京：科学出版社，2022.3
（天元数学文化丛书）
ISBN 978-7-03-071489-3

Ⅰ. ①中⋯ Ⅱ. ①王⋯ Ⅲ. ①计算数学-研究-中国 Ⅳ. ①O24

中国版本图书馆 CIP 数据核字(2022) 第 025915 号

责任编辑：王丽平 孙翠勤 / 责任校对：彭珍珍
责任印制：吴兆东 / 封面设计：无极书装

科学出版社 出版
北京东黄城根北街 16 号
邮政编码：100717
http://www.sciencep.com
北京九州迅驰传媒文化有限公司印刷
科学出版社发行 各地新华书店经销
*
2022 年 3 月第 一 版 开本：720×1000 1/16
2025 年 1 月第三次印刷 印张：13
字数：270 000
定价：108.00 元
(如有印装质量问题，我社负责调换)

丛书编委会

主　编　汤　涛
编　委　蒋春澜　刘建亚　乔建永
　　　　王　杰　叶向东　袁亚湘
　　　　张继平　周向宇

数学是研究数量、结构、空间、变化的学问。数学的研究方法是从少许自明的公理出发，用逻辑演绎的方法，推导出新的结论；这些新的结论被称为定理。由此看出，数学有别于其他科学，是一种独特的文化存在。高斯说：数学是科学的女王。这个女王，至少具备真善美三项优秀品质。这个女王的地位，是由数学的真理性保证的。数学之善，这已经为大众所熟知，在当今科技飞速发展的时代发挥着越来越重要的作用。数学之美，正如罗素所说：只有这门最伟大的艺术，才能显示出最严格的完美。

数学文化，是指数学这门学问存在以及发展的方式。狭义的数学文化，包含数学的思想、精神、方法、观点、语言，以及它们的形成和发展；广义的数学文化，更包含数学家、数学史、数学发展中的人文成分、数学与各种文化的关系，等等。基本的数学能力，比如掌握加减法，是一个人智力是否正常的基本判别条件，而归纳与演绎能力，是一个人智力水平的必要标尺。因此，数学文化是人类文化基本且重要的组成部分。正是由于数学文化的这种基本且重要的特性，数学文化的传播对于科普育人也同样有着基本且重要的意义。

在过去半个世纪，社会发展的需求成为应用数学突飞猛进的主因。航空路径优化加速了运筹学的发展；保险业的兴起加大了精算的需求；制药公司的崛起带动了生物统计的发展；金融市场的壮大促进了金融数学的发展。很多企业为了提高效益，不断从数学中吸取能量，我国的华为就是崇尚数学之美、享受数学福利的典型代表。近二十年来，华为和中、俄、法、土耳其数学家紧密合作，走过了中国移动通信技术从 4G 并跑到 5G 领跑的光辉历程。一百年前，数学还集中在证明定理、攻克猜想的"田径"时代，但现代应用数学的发展，包括计算数学、金融数学、数据科学、系统科学、人工智能的发展，已让数学进入了"大球"时代。"大球"实力是体现一个国家现代数学水平的重要标志。如何吸引读者接触到更多与时俱进的数学科普文章，如何加快我国数学从"田径"时代进入"大球"时代，是摆在我们这代数学科普人面前的挑战，也将是本丛书探索的一个重要课题。

进入 21 世纪以来，尤其是近十年来，数学文化的研究与传播欣欣向荣，既涌现出优秀的数学文化类杂志，也出现了很多的优秀数学科普书籍。与以上这些作品相比，本丛书自有特色。本丛书致力于一手的数学文化传播，即由在数学基础理论和/或应用研究方面具有丰富实战经验的数学家，而不是数学评论家, 亲自著述并倾力传播数学文化。丛书以大众语言阐述数学的真善美, 我们希望具有中等数学水平的读者可以看懂; 当然, 具有更高数学修养的读者, 会有更多的收获。另一方面, 因为是一手的数学文化传播, 我们希望丛书对于专业数学研究者和教育者也有启发。

本丛书的出版, 承蒙国家自然科学基金委员会数学天元基金的大力支持, 在此谨致以诚挚谢意。

"天元数学文化丛书"编委会

2021 年 1 月

2015年我离开了工作了近二十年的香港浸会大学,加盟到南方科技大学,不久我的名下多了一位博士后,他就是本书的作者王涛博士。王涛毕业于河北师范大学,师从邓明立教授。邓教授主要从事代数学与近现代数学史等方面的研究工作,他也是我们《数学文化》(https://www.global-sci.org/mc/)期刊的创刊编委。非常感谢邓教授把他的高徒推荐给我。

王涛来到南方科技大学以后,我们商定以中国计算数学的历史为研究课题。那时南方科技大学刚刚成立了数学系,还没有博士学位授予权与博士后流动站,所以他是注册在武汉大学的博士后,由我与武汉大学的杨志坚教授联合培养。博士后期间王涛广泛搜集与查阅了相关的档案资料,利用各种机会采访了多位亲历过计算数学创建的数学家,顺利地完成了研究工作。完成南方科技大学的博士后研究后,王涛有幸进入中国科学院自然科学史研究所工作,现已成长为副研究员,我由衷地为他的进步感到高兴。

王涛还是《数学文化》的特约撰稿人。《数学文化》创刊已经十多年了,现在发展得非常好,这主要得益于刊物有一个稳定的写作队伍。在创刊十周年的纪念文章中(2019 年第 4 期),我曾特别提到了几位年轻作者,王涛便是其中之一。在过去的几年时间里,王涛经常为"数学人物"与"数学家访谈"栏目贡献文章,先后给姜立夫、姜伯驹、董铁宝、丁石孙、廖山涛等先生撰写了传记,并代表《数学文化》访谈了杨芙清、张恭庆、王小云、齐民友、冯克勤等科学家与数学家,是一位勤劳与高产的写手。

在博士后出站报告的基础上,王涛又补充了若干资料与访谈,完成了这本《中国计算数学的初创》。该书以研究机构与教学专业的建立为主线,再现了计算数学在中国波澜壮阔的创建历程。我有幸是此书最早的读者之一,从中了解到很多以前不知道的人和事儿,受益匪浅。相信对中国计算数学历史感兴趣的读者阅读完一定会有所收获。

2020 年,在国家自然科学基金委天元数学基金专家小组的会议上,袁亚湘院士等专家倡议建立"天元数学文化丛书"。很高兴地看到王涛博士这本书成为"丛书"的第二本。同时值得一提的是,书中有不少内容曾在《数学文化》刊载过。《数学文化》目前已催生了多本著作，王涛的这本将是其中新的一员。

汤　涛

中国科学院院士

北京师范大学–香港浸会大学联合国际学院

2022 年 1 月 18 日

目录

第1章

绪论

1.1 作为一门学科的计算数学

在国外，计算数学（computational mathematics）一般被称为数值分析（numercial analysis），被纳入应用数学（applied mathematics）的范畴。但是在我国，计算数学被列为与应用数学并列的一个二级学科。根据我国 1997 年颁布的《授予博士、硕士学位和培养研究生的学科、专业目录》，数学为理学一级学科（0701），计算数学（070102）是与基础数学（070101）、概率论与数理统计（070103）、应用数学（070104）、运筹学与控制论（070105）并列的 5 个二级学科之一。根据 1998 年教育部颁布的《普通高等学校本科专业目录》，数学的本科专业有数学与应用数学（070101）以及信息与计算科学（070102）。由此可见，计算数学在我国的数学学科中占有重要位置。

1.1.1 第三种科学方法

计算数学是现代数学的一个重要分支，是研究应用电子计算机进行数值计算的数学方法及其理论的一门学科。计算数学主要研究具有广泛应用背景的微分方程、积分方程、优化问题、概率统计问题和其他各类数学问题的数值求解，提出有效的数值求解方法，研究这些方法的收敛性、误差估计等数学理论，设计实现这些方法的算法和计算程序，应用计算机进行数值实验，进而解决科学和工程中的实际问题。此外，数值代数、数值逼近、计算几何等也是计算数学的重要研究内容[1]。

计算数学在中国之所以成为独立于应用数学的一门学科和专业，与计算数学在中国的发展历程有很大的关系，本书的写作或许能部分回答这个问题。因此，在中文的语境（context）下，有必要对计算数学与应用数学做一下区分。简单来说，计算数学主要对计算方法及其性质进行研究，而应用数学更侧重于将物理问题转化为数学模型并研究模型的数学理论，也就是所谓的数学建模（mathematical modeling）及分析。

中国计算数学的初创

随着社会的发展和科技的进步，科学和工程中提出的计算问题越来越多。而计算机科学与技术的突飞猛进，使得计算数学在更广泛的领域发展成为一门现代意义下的新学科——科学计算（scientific computing），即应用现代计算工具和方法进行科学研究或求解应用问题。科学计算是数学和计算机实现其在科学与工程领域应用的纽带和工具，其核心是高效的计算方法。据北京大学数学科学学院张平文院士的说法，我国的计算数学在 2010 年时正处于科学计算的阶段[2]。

科学计算是一个完整的过程。首先，从具体的科学或工程问题出发，将要解决的问题转化为方程并表示出来。当这些方程太复杂时，可以忽略掉一些影响比较小的项。在很多情形中，这些方程是常微分方程、偏微分方程或者积分方程。这个阶段一般由对这些科学或工程问题非常熟悉的专家来完成，或者需要他们的帮助。然后，对这些方程进行数学理论上的分析，特别是对方程解的存在性与唯一性进行理论研究是极为必要的。

一般而言，这些方程的解是一些诸如时间、空间的函数，或依赖于压力和温度等参数的函数。然而在实际中，仅可以在离散的参数值下计算解。因此，连续的问题被转换成一个近似的离散问题，这就是离散化（discretization）的阶段。如果离散化后问题仍然很复杂，则必须再对它进行简化，例如将其线性化，通过数值分析来解决这个近似的问题。最后，将它变成一个可以在计算机上使用的高效算法，并检验计算结果的实际效果。

作为学术研究的重要手段，科学计算克服了理论分析与实验手段的局限。如传统设计飞机的办法是风洞试验、修改设计，如此反复进行，耗资非常巨大，而利用科学计算来进行数值模拟，既可以缩短周期也可以节省开发经费。在核武器研制方面，也可以利用科学计算来进行模拟实验。在一些其他应用方面，科学计算的作用已不可替代。

随着与计算相关的信息技术的飞速发展，科学计算的地位正在迅速上升。现在，科学计算已成为与理论、实验相并列的第三种科学方法[3]。科学计算在工程领域有广泛应用，特别是在军事国防、航空航天、石油勘探、机械制造、水利建筑、交通运输、天气预报、经济规划等许多领域起着至关重要的作用，其发展水平已成为衡量国家综合实力的重要标志。

科学计算如今几乎影响到一切科技领域，很多学科都通过计算走向定量化和精确化，催生出计算力学、计算物理、计算天文学、计算气象学、计算化学、计算地质学、计算生物学等一系列新的学科分支。此外，科学计算在材料科学、生命科学、环境科学、能源科学、信息科学、医学与经济学中所起的作用也日益增大，正在形成更多的计算分支。这些基于科学计算而兴起的计算性交叉分支学科一起构成了计算科学（computational sciences），计算数学则是它们共同的纽带与基础。因此，计算数学可以说是计算科学的核心所在。

1.1.2　计算的历史概览

计算数学的核心是计算或者算法。算法是数学的重要组成部分，在数学的不同发展时期都有所体现。根据胡作玄的《近代数学史》[4]，数学的发展大致可以分为以下几个时期：

- 前史时期（公元前 4 世纪之前）
- 古代及中世纪时期（公元前 4 世纪到 16 世纪末）
- 近代前期（17—18 世纪）
- 近代后期（19 世纪）
- 现代时期（20 世纪）

在数学的前史时期，人类在测量土地时自然遇到开平方等问题。例如据 YBC 7289[①]的一块泥板显示，古巴比伦人在 60 进制的情形下，使用迭代算法 $x_{i+1} = \frac{1}{2}\left(x_i + \frac{2}{x_i}\right)$ 对 $\sqrt{2}$ 进行了开方近似计算，并达到了很高的精度，这显示出以古巴比伦为代表的前史文明对测量、计数与计算已经有了相当程度的掌握[5]81-119。因此算法的起源可以追溯到非常早的时期。

到了古代与中世纪时期，经过长时间的酝酿与发展之后，数学正式成为一门学科，其主要标志是对于一些几何（加上少量数论）问题有了较为系统的方法与理论，数的表示与计算方法也得以建立。前者以古希腊数学为代表，《几何原本》（*Elements*）[②]标志着数学中演绎推理范式的确立。古希腊数学在具体的计算上不甚有效，却也诞生了阿基米德（Archimedes of Syracuse, 287BC—212BC）这样在理论与计算上都卓有成就的数学家[6]。

---

① 这块泥板距今大约有 3600—3800 年，其详细情况可见http://www.math.ubc.ca/~cass/Euclid/ybc/ybc.html.

② 按书名来翻译应为《原本》。1607 年，耶稣会士利玛窦（Matteo Ricci, 1552—1610）与徐光启合作完成《原本》前 6 卷的汉译，并定名为"几何原本"，这一译名沿用至今。需要注意的是，书名中的"几何"并非当今几何学的意思。

中国·计算数学的初创

在数的表示与计算方法方面，东方特别是中华文明有特别突出的贡献。中国古代数学有着悠久的计算传统和辉煌的算法成就，笔者将在 1.2.1 节简要论述。印度、阿拉伯数学对计算与算法也有深入的研究[5]277-506。一个有趣的故事是，阿拉伯数学家花拉子米（Al-Khwārizmī，约 780—850）的《算法》①传入欧洲后，该书的作者"花拉子米"被译成了拉丁语 Algoritmi，现代术语"算法"（algorithms）即来源于此，《算法》也因此而得名[7]。特别值得一提的是，阿拉伯数学在数值计算的精度上达到了很高的造诣[8]。

中世纪后期，通过与地中海、中东地区的贸易和交流，欧洲学者了解到由阿拉伯世界保存的古希腊数学，以及阿拉伯、印度地区（可能还包括中国）创造的数学。经过雷格蒙塔努斯（J. Regiomontanus, 1436—1476）、雷蒂库斯（G. J. Rheticus, 1514—1576）和韦达（F. Vieta, 1540—1603）等人的改进，欧洲的三角函数值计算越来越便捷，其精度也越来越高。16 世纪初，纳皮尔（J. Napier, 1550—1617）与比尔吉（J. Bürgi, 1552—1632）又独立地发明了对数方法，极大地改进了人类的计算技术。

图 1   牛顿与高斯对计算方法有重大贡献（图片来源：维基百科）

随着解析几何与微积分的发明，近代数学开始形成和发展。如果将计算数学定义为对连续数学中问题的算法研究[9]，那么牛顿（I. Newton, 1642—1727）、欧拉（L. Euler, 1707—1783）、拉格朗日（J. Lagrange, 1736—1813）、拉普拉斯（P. Laplace, 1749—1827）、勒让德（A. M. Legendre, 1752—1833）、高斯（C. F. Gauss, 1777—1855）、柯西（A. L. Cauchy, 1789—1857）、雅可比（J. Jacobi, 1804—

---

① 原无书名，该书形成于公元 830 年前后，阿拉伯文本已失传，在 12 世纪被英国人译成拉丁文，西方文献一般称《印度计数法》（*Algoritmi de nomero indorum*）。

1851）等人在解决实际问题时开展的对计算方法的研究，都可以看作是对计算数学的开拓[10]。这些内容构成了今天计算数学的入门课程。

在近代前期，用数学来解决实际问题一直吸引着顶尖数学家的注意，这点在牛顿与高斯身上体现得淋漓尽致①。为了找到经过一些给定点的多项式的曲线，牛顿引进了均差（divided difference）的概念，并将其应用于经过观察到的位置的彗星轨道计算。此外，牛顿还发明了牛顿迭代法。为了研究天文学，高斯发明了最小二乘法（least squares method），并发现了快速傅里叶变换（fast Fourier transform）。此外，高斯对线性方程组、数值积分也有贡献。

社会的需求始终是算法发展的强大动力。例如，求解线性方程组的高斯–若尔当消去法（Gauss-Jordan elimination method）来源于大地测量学。求解线性方程组和矩阵特征值问题的雅可比方法（Jacobi method）、求解常微分方程的亚当斯方法（Adams method）来源于天体力学。常微分方程中的龙格–库塔法（Runge-Kutta method）、偏微分方程中的瑞利–里茨法（Rayleigh-Ritz method）分别有着空气动力学、声学和弹性力学中的振动的实际背景[11]。17—19世纪数学家对计算方法的开拓可见表1。

表1　17—19世纪数学家对计算方法的开拓

计算方法	数学家
多项式插值	牛顿、欧拉、拉格朗日
高斯消去法	拉格朗日、高斯、雅可比
高斯积分法	高斯、雅可比
最小二乘法	高斯、勒让德
亚当斯方法	欧拉、亚当斯
龙格–库塔法	龙格、库塔

在近代后期，纯粹数学开始兴起并逐渐与应用数学分离，迅速占据了数学的主流位置[12]。受限于社会生产规模和计算工具等外部条件，数值分析处于相对次要的位置。到了20世纪，纯粹数学在集合论的基础上，诞生了结构数学并取得了辉煌的发展[13]。与此同时，数值分析也取得了一定程度的进展，一些重要的算法如有限差分法（finite difference method）被相继发现②。

---

① 阿基米德、牛顿与高斯通常被认为是数学史上最伟大的3位数学家。他们能获得这项殊荣绝不是因为仅在纯粹数学上取得的成就。

② 理查德森（L. F. Richardson, 1881—1953）、菲利普斯（H. B. Phillips, 1881—1973）、维纳（N. Wiener, 1894—1964）、库朗（R. Courant, 1888—1972）、弗里德里希（K. O. Friedrichs, 1901—1982）、卢伊（H. Lewy, 1904—1988）分别在1910年、1925年与1928年发现了此方法。

中国 计算数学的初创

20 世纪初，数值分析的研究逐渐活跃，在机构设置方面也取得了初步的进展。陆续有一些国家在大学或研究所开始设置应用数学的教授席位，开设与数值分析相关的课程，主要是德国、英国与意大利[14]。

德国 1904 年，在 F. 克莱因（F. Klein, 1849—1925）的劝说与坚持下，以发现龙格–库塔法著称的龙格（C. Runge, 1856—1927）被哥廷根大学聘为德国的首位应用数学教授。实际上，龙格在 1883 年的任教资格论文（Habilitation）即是关于代数方程的数值求解。维勒斯（F. A. Willers, 1883—1959）于 1906 年在龙格的指导下获得博士学位，从 20 世纪 20 年代开始，他先后在弗莱贝格工业大学与德累斯顿工业大学任教，开设了数值分析类的课程。

瓦尔特（A. O. Walther, 1898—1967）[①]1922 年博士毕业于哥廷根大学，之后担任库朗的助手。1928 年，库朗使用有限差分方法建立了椭圆方程与双曲方程初值问题解的存在性（CFL 论文）。就在同一年，瓦尔特成为达姆施塔特工业大学的教授，创建应用数学研究所并担任所长。瓦尔特致力于数学面向工程的实际应用，他是德国机械计算技术的先驱之一。

米泽斯（R. Mises, 1883—1953）在 1909 年被聘为斯特拉斯堡大学[②]的教授。1919 年，米泽斯被聘为柏林大学新成立的应用数学研究所的教授和所长。米泽斯开设了涵盖天文、大地测量和技术的应用数学课程，在他的领导下，柏林大学迅速成为德国应用数学的中心。纳粹上台后米泽斯离开德国到美国。考拉兹（L. Collatz, 1910—1990）[③]在柏林大学求学时曾听过米泽斯的课并被吸引，他于 1937—1938 年在卡尔斯鲁厄理工学院开设了数值方法的课程。

英国 惠塔克（E. T. Whittaker, 1873—1956）最早在英国讲授数值分析。1913 年，惠塔克在爱丁堡大学创建了计算实验室，并开始系统讲授数值分析的多个课程。他与加拿大数学家罗宾逊（G. Robinson, 1906—1992）在 1924 年出版的《实测计算》（*The Calculus of Observations*），长期以来是数值分析领域的一门主要教材，面向对象主要是科学家与工程师，内容包括插值公式、行列式与线性方程组、代数方程与超越方程的数值解、数值积分与求和、正态分布、最小二乘法、傅里叶分析、数据平滑、微分方程的数值解[15]。

爱丁堡数值分析的另一个中心人物是艾特肯（A. C. Aitken, 1895—1967），他

---

① 文献 [14] 误将此人记作 A. Walters。

② 1871 年普法战争结束后，根据《法兰克福和约》，斯特拉斯堡被法国割让给德国。

③ 数学中有以其名字命名的猜想，即数论中著名的 $3n + 1$ 猜想，但考拉兹的主要贡献在数值分析领域。有关他的详细情况见https://mathshistory.st-andrews.ac.uk/Biographies/Collatz/.

于 1923 年来到爱丁堡大学跟随惠塔克攻读博士，毕业后留在爱丁堡并在 1946 年接替了惠塔克的位置。20 世纪 20—30 年代，艾特肯开设过数值积分、数学实验等课程。此外值得一提的还有科姆里（L. J. Comrie, 1893—1950），他在美国工作时曾开设过计算课程，返回英国后特别强调了机器在数值分析中的作用。

意大利　卡西尼斯（G. Cassinis, 1885—1964）于 1925 年在比萨工程学院开设数值分析课程，1928 年出版《数值图形和机械计算》（*Calcoli Numerici Grafici Meccanici*）。皮科内（M. Picone, 1885—1977）于 1927 年在那不勒斯组建了世界上第一个专门从事数值研究的国家应用计算研究所（Istituto Nazionale per le Applicazioni del Calcolo, INAC），1932 年皮科内到罗马大学任教，开设了数值分析的课程，INAC 也随他一起转到罗马。INAC 聘用、培养了一大批热衷于应用数学的优秀年轻学者，很多人后来变得非常知名[16]。

美国　美国在 20 世纪初致力于引入和发展纯粹数学，开设的数值分析课程较少。科姆里 1925 年之前在美国斯沃斯莫尔学院（Swarthmore College）和西北大学任教，他将计算引入标准学位课程。同期，斯卡伯勒（J. B. Scarborough）在海军学院开设了工程数学的课程。与其他国家的情况类似，这两门课程主要也是面向工程人员。

尽管这些国家的大学开设了相关课程，但计算数学仍然不是数学的一门正式学科。显然，上述数学家（科学家、工程师）开设的课程大都是面向科学、工程、统计与精算人员。但是，社会尤其是战争对计算数学的促进作用已经非常明显。德国、意大利作为第一次世界大战的主要参战国，较早地意识到数值分析的重要性。维勒斯、库朗、瓦尔特、皮科内都曾在战争中服役，皮科内的主要任务是计算高山的枪炮火力表，以至于皮科内曾戏称"应用数学 = 法西斯数学（Matematica Applicata = Matematica Fascista）"[11]。

第二次世界大战（以下简称二战）的爆发极大地促进了计算数学的发展，战争规模的迅速扩大提出了海量的计算问题。为了应对这一情形，美国洛斯·阿拉莫斯国家实验室（Los Alamos National Laboratory），特别是美国国家标准局（National Bureau of Standards）开始从事数值分析的研究。这一时期及稍早，包括米泽斯、库朗、赛戈（G. Szegö, 1895—1985）、冯·诺依曼（J. von Neumann, 1903—1957）、乌拉姆（S. M. Ulam, 1909—1984）在内的大批欧洲数学家移居到美国，对美国应用数学的发展和提高起了巨大的作用。

特别值得一提的是库朗，他于 1943 年发表了《解决平衡和振动问题的变分方法》（Variational methods for the solution of problems of equilibrium and vibrations）[17]，包含了后来发展的有限元方法的主要思想。1946 年，乌拉姆与冯·诺依曼提出了统计模拟的蒙特卡罗方法（Monte Carlo method）。

人类计算技术的进步与计算工具密切相关，从算筹、算盘、计算尺一直发展到机械计算机、电动计算机[18]。为了解决战争中火力表的计算问题，1946 年，世界上第一台电子计算机 ENIAC（Electronic Numerical Integrator and Calculator，电子数值积分计算器）问世。电子计算机的发明使得计算工具有了本质的提升，为计算数学的诞生奠定了基础。

图 2　冯·诺依曼与图灵是现代计算数学的奠基人（图片来源：维基百科）

1947 年，冯·诺依曼与戈尔德施泰因（H. H. Goldstein, 1913—2004）发表了《高阶矩阵的数值求逆》（Numerical inverting of matrices of high order），他们详细讨论了舍入误差和条件数的概念。1948 年，英国数学家图灵（A. Turing, 1912—1954）发表了《矩阵计算中的舍入误差》（Rounding-off errors in matrix processes）。这些研究使得数学家们对数值分析的兴趣得到了广泛的恢复，标志着现代计算数学的开端①。

鉴于计算数学的重要性，一些国家开始重点发展计算数学，这里笔者简要论述二战结束后初期美国、法国和苏联计算数学的发展。

美国　二战结束后，数值分析的教学与研究开始逐渐由大学承担。1945—1946年，孔兹（K. S. Kunz）在哈佛大学开设了数值分析课程，并在 1957 年出版了《数值分析》（*Numerical Analysis*）。米尔恩（W. E. Milne, 1890—1971）于 1949

① 目前关于计算数学诞生的时间尚有争论，绝大多数文献都以冯·诺依曼 1947 年的文章作为标志，但亦有文献认为是第一次世界大战结束后，见文献 [19]。

年在俄勒冈州立学院开设了类似的课程，布朗大学与纽约大学也开设过"实用数学"（practical mathematics）的课程。1947 年，美国国家标准局在加利福尼亚大学洛杉矶分校建立了数值分析研究所。1952 年，致力于数值分析的美国工业与应用数学学会（Society for Industrial and Applied Mathematics, SIAM）成立。

法国。孔茨曼（J. Kuntzmann, 1912—1992）于 1947 年在格勒诺布尔综合理工学院开设了"应用分析"（Mathématiques Appliquées）课程，主要内容包含有限差分法、微分方程、函数零点、线性方程组等，这是法国大学第一次开设此类课程，格勒诺布尔也因此成为当时法国唯一的数值分析中心。1950 年，孔茨曼油印出版了《应用分析教程》（Cours d'Analyse Appliquée），拉博德（J. Laborde, 1912—1997）则负责具体的上机计算。1951 年，孔茨曼创建了计算实验室，使得格勒诺布尔成为法国的计算中心。

苏联。1948 年，康托洛维奇（L. V. Kantorovich, 1912—1986）在列宁格勒大学开设了数值分析课程，主要思想是将泛函分析应用到数值分析中。同年，莫斯科大学力学研究中心成立了数值分析部门。1951 年，克雷洛夫（V. I. Krylov, 1902—1994）被任命为列宁格勒大学的计算数学教授。20 世纪 50 年代初，索伯列夫（S. L. Sobolev, 1908—1989）开始从事计算数学的研究。1952 年，他在莫斯科大学组建了苏联的第一个计算数学教研室。

随着诸如单纯形法（simplex algorithm）、克雷洛夫子空间迭代法（Krylov subspace method）、矩阵计算分解方法（matrix decomposition approach）、有限元方法（finite element method）等强有力算法的发现，以及 20 世纪 50—60 年代计算数学在奥地利、荷兰、匈牙利、瑞士、芬兰、捷克、中国、瑞典、巴西、比利时、保加利亚、丹麦、挪威、波兰、日本等国家相继发展起来，计算数学终于成为现代数学的一个正式学科。

1.2　计算数学在中国：传统与现代

中国是数学的发源地之一，在 14 世纪以前一直是世界上数学最为发达的地域之一，诞生了刘徽、祖冲之等后世家喻户晓的数学家。数学在中国古代被称为算学，由此可以看出算法在中国古代数学中占有的重要地位。然而元中叶以后，中国数学的研究水平停滞不前，近代特别是现代数学知识基本上都是从西方引进的。经过几代中国数学家筚路蓝缕、不懈努力，到 20 世纪末，中国数学的各个学科分支基本上都与国际接轨了。

中国计算数学的初创

1.2.1　中国古代数学的计算传统与成就

数学在中国拥有悠久的历史，是中国古代最为发达的科学，特别是在数值计算上有着辉煌的成就。笔者将以数值计算为中心，结合《中国科学技术史·数学卷》[20]（以下简称《大书》[1]），在不区分算术、代数或者几何的背景下，简单介绍其中与数值计算有关的成就。在对钱宝琮《中国数学史》分期的基础上，《大书》将中国古代数学的发展大致分为以下几个时期：

- 数学在中国的兴起（原始社会到西周时期）
- 中国传统数学框架的确立（春秋至东汉中叶）
- 中国传统数学理论体系的完成（东汉末至唐中叶）
- 中国传统数学的高潮（唐中叶至元中叶）
- 传统数学主流的转变与珠算的发展（元中叶至明末）
- 西方数学的传入与中西数学的融会（明末至清末）

在西周之前，中国人已经掌握了完备的十进位与位值制的计数法，普遍使用了算筹[2]这种中国独有的先进工具进行计算。十进制最早见于古埃及，位值制最早见于古代两河流域的六十进位值制，而十进制的位值制计数法（算筹计数法），则极有可能最早出现在中国[21]8~11。这项科学创造是中国对人类文明的巨大贡献，被列入中国科学院发布的"中国古代重要科技发明创造"。

在中国传统数学框架确立的阶段，最主要的著作是《九章算术》，它对先秦以来的数学进行了归纳和总结。其书内容分为九章：方田、粟米、衰分、少广、商功、均输、盈不足、方程、勾股，共有 246 道题目。《九章算术》在分数理论、比例、盈不足、开方等算法，线性方程组解法，勾股形方法方面具有重要成就，形成了中国传统数学以算法和计算为中心的特点。因此，中国传统数学在某种意义上具有应用数学的特征。

《九章算术》与古希腊《几何原本》有根本不同，即着重考虑了数值计算。笔者选取开方、插值、线性方程组解法简单介绍之。少广章记载有开平方术与开立

---

① 《中国科学技术史》共 26 卷，国内学者一般称为"大书"，在不引起误解的情况下，笔者将数学卷也简称为《大书》。

② 算筹即长条形小棍，材质主要是竹和木，尤以竹居多。算筹具有简便快捷的优点，造就了中国古代数学长于计算与算法的特点。

方术，其中给出了完备的开平方与开立方的演算步骤。盈不足章记载有盈不足术，它在非线性问题的求解中可以给出近似解，可视为一种线性插值方法[21]16-17。方程①章记载有方程术，即现今线性方程组及其解法，它的关键算法是遍乘直除。从某种角度而言，这相当于今天所使用的高斯消去法[21]28-29。盈不足术、方程术等算法是中国对人类科学知识的重大创造。

在中国传统数学理论体系完成的阶段，则主要是刘徽与祖冲之的工作。刘徽为《九章算术》做注，祖冲之则著有《缀术》（后失传），在数学理论与计算上均展现出了极高的水准。刘徽不仅改进了开平方术、开立方术，还改进了方程术。更为重要的是，刘徽还将无穷小分割与极限的思想应用于近似计算，使用割圆术来计算圆周率得出 $\pi \approx 3.1416$。祖冲之则更进一步，将圆周率精确到 $3.1415926 < \pi < 3.1415927$。与此同时，中国的天文历法在这一时期也出现了创造性的转变，其使用的计算方法从线性插值发展为二次内插法、差分表以及相当于正切函数表的数表、高次函数以及分段叠加函数等。

唐中叶至元中叶期间，中国传统数学发展到顶峰，并呈现出一些新的特点：理论与应用紧密联系，出现了数码和十进小数，计算技术也得以改进，并产生了珠算[21]50-51。对开方术的研究备受重视，出现了贾宪"增乘开方法"[21]52-53。秦九韶、李冶、朱世杰以增乘开方法为主导，开发出求解高次方程正根的完备方法②。天文历法中开始使用招差术，即三次插值公式。在天元术与四元术的基础上，中国数学家根据问题的条件列出方程，然后再用增乘开方法和正负开方术求解，甚至已经体现出科学计算的精神[21]58-61。

元中叶至明末时期，数学在中国的普及性大大增强，珠算取代了筹算，然汉唐宋元数学著作大量失传，致使增乘开方法、招差术等算法几乎无人知晓或理解，数学在中国的发展方向产生了重大转变。明末至清末期间，西方数学开始传入，中国数学进入到中西会通的阶段。虽然经历两次西方数学向中国传播的高潮，然其意义多在于中西文化交流层面，总的来说对中国数学发展所起的功效并不显著。而西方数学在微积分发明以后，由于微积分是描述自然界的有力工具，因此西方数学无论是在数学理论研究上，还是在数值计算上的成就均大大超过中国。到了清中后期，虽然中国的数学研究水平超过了以往，但仍以初等数学为主，与世界数学的先进水平相比，差距却越来越大了。

① 此"方程"并非现代数学术语中的"方程"之意。该章的主要内容是处理今天用线性方程组解决的多个未知量的问题。
② 秦九韶的正负开方术在西方被称为霍纳算法（Horner's method）。

1.2.2 计算数学在现代中国的创建发展

19 世纪末 20 世纪初，中国开始另起炉灶，废弃沿用了数千年的传统数学，改而全面学习西方的现代数学，开始派遣多批留学生到国外学习。中国传统数学亦由此而全面中断，成为一个专门的历史研究领域。早期留学生回国后纷纷兴办或投身高等数学教育，1913 年北京大学成立了中国第一个数学系（当时称数学门，1919 年改为系），随后南开大学（1921 年）、南京大学（1921 年，当时叫东南大学）、北京师范大学（1922 年，当时叫北京高等师范学校）、厦门大学（1923 年）等高校先后创办了数学系，至全面抗战前这些大学的数学系在数学教育和数学传播上取得了很大的成绩[22]。

伴随着中国现代数学教育的形成，与之对应的数学研究也开始兴起。陈建功、苏步青、江泽涵、熊庆来、曾炯之等在艰苦卓绝的条件下从事数学研究，取得了一批符合国际水平的成果，形成了现代数学在中国发展的第一个高潮。到了 20 世纪 40 年代，中国数学界涌现出一批数学新星，如华罗庚、陈省身、许宝騄、周炜良、吴文俊等。中国已逐步引入了现代数学的绝大多数分支（主要是纯粹数学），但在应用数学方面仍然存在着较大的空白。

正是在这一时期，电子计算机问世，以数值计算为主要内容之一的现代计算数学开始形成。与其他国家相比，中国数学家对计算数学的前瞻与重视并不算晚。特别是中华人民共和国成立以后，中国数学界以苏联为参照，开始考虑立足自身、全面发展的问题，许多空白或薄弱的数学分支开始得到发展。中国的计算数学正是在这一时期完成了初创，并发展为今天欣欣向荣的局面。

作为现代数学的一个重要分支，计算数学在中国的发展史是中国现代数学史的一个重要组成部分。我们首先来看一下中国现代数学发展的分期，根据数学史家李文林的论述，数学在 20 世纪中国发展历程的阶段为

中国现代数学的兴起（20 世纪初到中华人民共和国成立前）⟶ 中国现代数学的发展（中华人民共和国成立到"文化大革命"结束）⟶ 中国现代数学的春天（改革开放以后至今）[23]1-13

计算数学在中国的创建与发展主要发生在中华人民共和国成立以后，属于第二个与第三个阶段。更为详细地，数学史家张奠宙在《中国近现代数学的发展》中又对中华人民共和国成立后数学的发展做了更细致的分期：

"建国初期的中国数学（1953—1956）⟶ 在挫折中前进的中国数学（1957—1976）⟶ 拨乱反正时期的中国数学（1976—1985）⟶ 改革开放时期的中国数学（1986—2000①）"[24]

在"建国初期的中国数学（1953—1956）"这一时期，纯粹数学领域的函数论、泛函分析、多复变函数论、解析数论、代数、微分几何与拓扑学等分支在原有基础上继续发展，取得了长足的进步。与此同时，计算数学、偏微分方程、常微分方程、概率论与数理统计等分支也开始了创建。按照这个势头，中国的纯粹数学与应用数学都将取得良好的发展。

但数学的发展不可能游离于社会之外，随后中国发生的一系列事件，不可避免地影响了现代数学在中国的发展。在"在挫折中前进的中国数学（1957—1976）"这一时期，中国数学的发展数起数落，几经打击之后受到了严重的破坏。计算数学在这一时期也遭遇到了很大的挫折，但由于计算数学具有较强的应用性，受挫的程度较纯粹数学为轻，甚至在一些运动中还有些受益，比如1958年理论联系实际的争论，很多大学纷纷创办了计算数学专业。而为"两弹一星"直接服务的数学家，受到的影响也要比纯粹数学家要小。

根据中国现代数学史的分期，以及对黄鸿慈先生的采访②和刘儒勋依据自身经历谈计算数学普及、教育和发展的体会[25]，本书试将中国计算数学的发展阶段整理如下：

● 第一阶段：萌芽肇始时期（20世纪40年代初—20世纪40年代末）

在计算数学尚未正式诞生之际，中国有个别数学家和科学家便注意到了这门学科的重要性，或从事与之相关、相近的研究工作，其中最主要的是华罗庚。根据现有资料，华罗庚不仅最早注意到计算数学，还积极呼吁发展这门学科。他对中国数学的发展有全面而系统的规划，但由于时机未到、资历不足、外部条件不具备等问题，他的一些设想与行动收效甚微。

● 第二阶段：创建成长时期（20世纪50年代初—"文化大革命"结束）

中华人民共和国成立后，随着中央人民政府对应用科学的重视，以及以华罗庚为代表的科学家们的不懈努力，计算数学终于迎来了发展的重大契机。计算数

① 这部著作完成于世纪之交，故截止到2000年，特此说明。
② 见附录对黄鸿慈教授的访谈。

中国计算数学的初创

学在 1956 年被列入《1956—1967 年科学技术发展远景规划纲要》（简称《十二年科技规划》），在这一规划的指导下，中国科学院在 1956 年组建了计算技术研究所，其中第三研究室是专门从事计算数学研究的机构。与此同时，北京大学、吉林大学与南京大学等高等院校纷纷设立了计算数学专业。从 1960 年开始，每一到两年召开一次包含计算数学在内的计算技术会议。1964 年，计算数学方面专门的刊物《应用数学与计算数学》创刊。1964—1965 年，冯康、黄鸿慈等在与西方隔绝的情况下，独立地发现了有限元方法并奠定了其数学基础。"文化大革命"期间，计算数学的发展一度停滞。

- 第三阶段：恢复发展时期（改革开放—20 世纪 90 年代初）

改革开放以后，计算数学与其他科学分支一样，迎来了发展的春天。中国科学院计算技术研究所第三研究室独立为计算中心。计算数学的研究队伍很快得到了恢复，并迅速发展壮大。每年有大量学生就读于计算数学专业，其中不少人报考了计算数学专业的研究生，亦有相当一部分学生开始到国外留学，接触到计算数学的国际前沿。《应用数学与计算数学》杂志复刊，更名为《计算数学》。计算中心新创办了《数值计算与计算机应用》，还创办了一份英文杂志《计算数学》（*Journal of Computational Mathematics*），各种计算数学的相关学术会议相继召开，中国计算数学逐步与国际接轨。

- 第四阶段：走向世界时期（20 世纪 90 年代中期—现在）

从 20 世纪 90 年代中期开始，中国计算数学开始全面走向世界。国内外计算数学的交流日趋频繁，大批 80 年代出国的留学生开始成长起来，他们因出色的工作而获得各种奖项与荣誉，在国际上崭露头角，很多人在国外一些著名的大学取得了重要的学术位置，他们自动或受邀回到中国，进行学术交流和访问，将国外计算数学最新的研究成果带回国内。同时，大量的学生开始到国外学习计算数学，国内也有计划地派出研究人员到国外访问学习，本土培养的计算数学博士也逐渐成长起来。近年来，有多位中国计算数学家当选为中国科学院院士，国际数学家大会和国际工业与应用数学大会也不时邀请中国计算数学家作大会报告。如今，中国计算数学在世界上占有十分重要的地位。

1.3 本书的写作思路与框架

本书以中国计算数学的初创为研究主题。计算数学在现代数学、科学与工程中的重要地位已无需多言，然而在很长的一段时间内，计算数学的历史却被绝大部分的数学家与数学历史学家忽视了。由于当代的数学史研究兴起于 19 世纪末 20 世纪初，这恰好是纯粹数学开始形成并蓬勃发展的时期，因此数学史在研究和书写方式上受到了纯粹数学的较大影响。

1.3.1 研究背景与写作意义

长期以来，数学历史的研究与编撰带有一种明显的倾向，这种倾向在书写纯粹数学的历史时取得了较大的成功，其突出特点是将演绎作为数学发展的主线甚至唯一的线索。因此，历史上纯粹数学以外的数学内容则或多或少被忽略掉了。例如，法国的布尔巴基（N. Bourbaki）学派是这一理念的忠实甚至有些极端的信徒，他们撰写的《数学史原理》（*Elements of History of Mathematics*）几乎完全是一部基于逻辑的纯粹数学史诗[26]。

根据数学史家胡作玄的观点，数学可以划分为相互关联的六大范畴，其中对象理论、结构理论与元理论属于数学当中解决"什么"的理论问题，而操作技术、技术理论、操作对象理论属于数学当中解决"如何"的技术问题[4]8−17。因此，数学的技术方面无论如何都不应该被忽略。在这方面，德国数学家 F. 克莱因为我们做了一个榜样。

虽然 F. 克莱因认为纯粹数学与应用数学在 19 世纪的分离是数学进步的表现，但他却积极倡导将两者融合。他撰写的两卷本《数学在 19 世纪的发展》（*Vorlesungen über die Entwicklung der Mathematik im 19.Jahrhundert*）[12] 并没有忽略由实际问题引发的数学（应用数学），反而在评述高斯的工作时率先介绍了他在天文学、大地测量与物理研究中所取得的数学贡献。

不同数学家与数学史家书写历史的方式差异相当大。M. 克莱因（M. Kline, 1908—1992）的《古今数学思想》（*Mathematical Thought from Ancient to Modern Times*）[27] 被美国数学家罗塔（G. C. Rota, 1932—1999）认为是迄那时为止最好的一本数学史著作①。虽然 M. 克莱因不像布尔巴基那么极端，却也以演绎作为编

---

① 最好的限定时间截止到该文发表时（1974 年），原文是 as far as mathematical history goes, it is the best we have, 可参见 Rota G C. Book Review: Morris Kline, Mathematical thought from ancient to modern times[J].

写主线。这本著作不仅大幅降低了计算与算法在数学发展中的地位，还有意地忽略了中国古代数学的成就，这导致中国数学家吴文俊对中国古代数学主流性的研究与辩护。

通过 1.1.2 节的论述，本书其实已经表达出这样一种观点，即计算或算法始终是数学的重要组成部分，对近代数学的形成起到了非常重要的作用。古希腊几何学与印度–阿拉伯（中国）的计算技术共同构成了近代数学的基础，如今这一观点已得到了绝大部分数学史家的认同。法国数学家多维克（G. Gowek）甚至以计算为主线，撰写了《计算进化史》[28]。

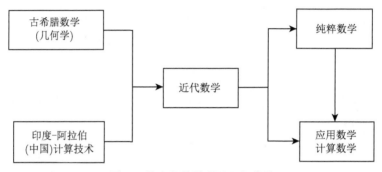

图 3　从古代数学到近现代数学

不仅严谨的数学史家对单纯以演绎作为主线书写数学史的方式不认同，部分应用数学家对此也有很大的意见。例如美国数学家、沃尔夫奖与阿贝尔奖的双料得主拉克斯（P. Lax, 1926—）于 1989 年在美国数学会（AMS）一百周年纪念会上作的报告，即对此提出了严厉的批评：

> "数学家是糟糕透顶的历史学家。当他们描述一个思想发展时，仅按逻辑阐明而不是根据实际发生的情况，他们通过拼凑来开始，往往从一开始就是错误的，从而常受到非数学界人士的诘难。"[29]

随后拉克斯概述了美国应用数学的曲折发展、转折和兴起的过程。他特别指出应用数学早期在美国不受重视，二战的爆发则成为一道分水岭，之后美国的应用数学才开始兴旺起来[30]。

Bulletin of the American Mathematical Society, 1974, 80(5): 805-807.

中国数学家汤涛、张平文与拉克斯的观点类似。2019 年 4 月 13 日，汤涛院士作了《数学推动现代科技——从华为重视数学谈起》的报告。2020 年 3 月 7 日，张平文院士作了《数据科学通融应用数学》的报告。两个报告都回顾了应用数学的历史，剖析了应用数学的价值观，特别是简单回顾了包括计算数学在内的应用数学在中国的发展概况。

与美国类似，20 世纪 40 年代计算数学在中国的萌芽肇始阶段也曾遇到过类似的情形，中华人民共和国成立后这一情形有了很大的改观。经过 70 多年来的发展，中国计算数学家们在基础研究上取得了一批卓越的研究成果，在应用上为国家解决了一系列重大问题。中国计算数学可以说是从无到有，从弱到强，其历史进程的研究意义非凡。

从历史和文化的角度对计算数学在中国的历程进行回顾，首先具有重要的史料价值。中国计算数学的很多资料与档案散落在各处，尚待挖掘；当年亲历这一过程的数学家和工作者不少已经作古，余者也多高龄，抢救口述史料的任务十分迫切。本书将会为中国计算数学的历史研究提供一批史料，并在此基础上，初步厘清计算数学在中国的肇始与初创过程。

当前我国正在实施"双一流"战略，目标之一即建设一批世界一流的学科，数学即是其中之一。中国现在已成为数学大国，正在向数学强国砥砺前行，相信在不久的将来会进入世界前列。届时我国现代数学的发展，将会与中国古代数学的发展一样，受到国际数学史家的共同关注。深入研究计算数学这一学科在中国的发展历程，总结其中的经验教训，对于中国（计算）数学的进一步发展有重要的借鉴、指导与启示意义。

最后，本书的写作还将对爱国主义的宣传教育产生积极的作用。那个时代的中国数学家拥有无与伦比的家国情怀，他们将国家命运与中国数学的发展紧密联系在一起。本书毫无疑问会涉及当时的历史背景与社会环境，这可以使读者更加清晰地了解到中国数学在那个时代的发展，真实地感受到当年中国数学家艰苦创业的历程，从而有助于激发公众的爱国之情。

1.3.2 现状回顾与全书编排

如前所述，计算数学的历史研究整体而言是非常薄弱的，特别是在 20 世纪 70 年代之前基本是空白。早期的一些研究主要集中在对古代算法的梳理，常被纳入到古代数学史的研究范畴。近代算法历史研究的先驱是冯·诺依曼的合作者戈尔德施泰因，他论述了从帕斯卡（B. Pascal, 1623—1662）到冯·诺依曼以来的计算机的发展[18]，还追溯了从 16 到 19 世纪的数学家们在数值分析方面取得的成就[10]。法国数学家哈贝特（J. L. Chabert）从不同时期的数学文本出发，对包括古代中国在内的诸多文明挖掘出了大量的数值算法[31]。

近 40 年来，国外的数值分析学家对计算数学历史的兴趣逐渐增加，他们召开了相关会议并出版文集。例如，1987 年一场名为"科学与数值计算历史"（History of Scientific and Numerical Computation）的会议在普林斯顿召开，包括伯克霍夫（G. Birkhoff）、戈尔德施泰因、戈卢布（H. Golub）、巴布斯卡（I. Babuška）在内的许多数学家都参加并作报告，这些报告最终形成了论文集《科学计算的历史》（*A History of Scientific Computing*）[32]。

21 世纪之交，C. Brezinski 与 L. Wuytack 编辑出版了文集《数值分析：20 世纪的历史发展》（*Numercial Analysis: Historical Developments in the 20th Century*）[33]。2007 年，为庆祝数值分析诞生 60 周年，比利时鲁汶大学组织召开了一个两天的论坛"数值分析的诞生"（The Birth of Numerical Analysis），同名论文集在 2010 年出版[34]。美国工业与应用数学学会（SIAM）对计算数学的历史也非常重视，其官方网站中有一个"数值分析与科学计算历史"（The history of numercial analysis and scientific computing）的栏目①，收录了大量的历史研究文献与口述历史，对了解与研究计算数学历史非常有帮助。

目前看来，欧美学者仍是研究计算数学历史的主力。比如 C. Brezinski 对连分数与 Padé 逼近的历史研究[35]，以及对法国军事工程师 A. L. Cholesky 及其分解算法的挖掘[36]，M. Benzi 对意大利计算数学早期历史的研究[16]，D. Tournès 对计算数学中工程传统的追溯[19]，以及 L. De Mol 和 M. Bullynck 从技术史的视角来研究计算史，都非常具有价值[37]。

在以上的研究中，C. Brezinski 与 L. Wuytack 合作撰写的综述文章《20 世纪的数值分析》（Numerical analysis in the twentieth century）特别值得一提[14]。这篇文章不仅介绍了 20 世纪数值分析的一些里程碑算法，还收录了很多国家早期开设的数值分析课程的概况。然而，令人感到遗憾的是，可能是出于语言和资料方面的原因，该文对中国没有任何的收录和介绍。因此，中国计算数学的历史只能由中国学者自己来书写，这也是义不容辞的责任。

实际上，中国数学家在这方面已经做了不少工作。石钟慈主编了《计算数学

---

① 网址为http://history.siam.org/.

在中国》（*Computational Mathematics in China*），组织了十几位中国数学家论述计算数学在中国的发展[38]；他还撰写了《中国计算数学五十年》，勾勒出计算数学在中国发展的大致框架[39]。刘儒勋结合自身的经历谈到了计算数学在中国的发展情况[25]，余德浩也综述了一些计算数学在中国的发展情况[40]。此外，张平文在谈到人才培养时提及中国计算数学的发展历程与现状[2]，鄂维南、许志强简要论述了中国计算数学会的发展历程[41]。

一些有关中国现代数学史的著作也包含部分中国计算数学发展的历史。张奠宙的《中国近现代数学的发展》是为数不多的中国现代数学通史著作，其中有对计算数学在中国发展的简短论述[24]。刘秋华从中外数学交流的角度论述了数学在20世纪中国的发展，其中在中华人民共和国成立后的章节中论述了中苏在计算数学方面的交流[42]。计算数学在中国是作为《十二年科技规划》中计算技术的一个分支发展起来的，对计算技术规划的历史回忆与研究中包含了相当一部分计算数学创办的材料[43-45]。计算数学的创建与计算机有密切关联，在中国计算机的追溯当中也包含了计算数学，这方面的一个重要资料是徐祖哲的《溯源中国计算机》[46]。

华罗庚对于计算数学在中国的创建做出了巨大贡献，这方面有不少回忆文章。如夏培肃提到中国第一个计算机科研组就是在华罗庚的建议下组织起来的[47]，石钟慈回忆过华罗庚如何教他学习计算数学[48]。作为中国计算数学的主要开拓者与奠基人，有关冯康的研究也有很多，余德浩撰写了多篇文章总结了冯康的贡献[49-51]。宁肯、汤涛首次全景式地回顾了冯康的人生经历，全面论述了冯康的人生历程及其与中国计算数学的关系，在史料上十分详尽[52]。

数学家传记为中国计算数学的历史研究提供了较多的资料。比如程民德主编的5卷本《中国现代数学家传》[53]，收录了中国早期最为重要的一些计算数学专家的传记。这套传记寓史于传，给出了很多珍贵的史料。除此以外，卢嘉锡主编的6卷本《中国现代科学家传记》[54]，王元主编的两卷本《中国科学技术专家传略·理学编·数学卷》[55] 以及由4本分册组成的《20世纪中国知名科学家成就概览·数学卷》[23] 都收录了中国计算数学家的传记，特别是最后一套数学家传记对计算数学家的收集力度较大，超过其他数学家传记丛书。

此外，还有一些访谈录、自传、纪念文集等涉及计算数学在中国创建的历史等[56-59]。近年来，笔者自己也做了一些工作，特别就计算数学在中国的发展概况，华罗庚与中国计算数学的关系，吉林大学、南京大学与北京大学计算数学专业的创办情况进行了考证与研究[60-67]。

中国计算数学的初创

尽管已有很多文献，但关于中国计算数学发展的专门研究还没有。在已有成果的基础上进一步研究计算数学在中国的创建，对其中涉及的相关数学家、重要机构和主要事件的来龙去脉进行梳理，是本书的主要内容。本书将重点关注计算数学在中国发展的第一阶段和第二阶段，即萌芽肇始时期与创建成长时期，其中第二阶段又可以简单划分为 3 个时期：创建、成长与停摆。中国计算数学的详细分期可见表 2。

表 2　计算数学在中国的分期

阶段分期	大致时间
萌芽肇始阶段	20 世纪 40 年代
创建成长阶段	创建（1950—1959）
	成长（1960—1965）
	停摆（1966—1976）
恢复发展阶段	改革开放—90 年代初
走向世界阶段	90 年代中期—现在

本书之所以将创建与成长的分期定在 1959 年，是因为中国科学院计算技术研究所在这一年正式成立，并且成功研制出电子计算机 104，研究人员开始用它来解决科学与工程中的具体计算问题。以北京大学、吉林大学、清华大学等为代表的高等院校纷纷创办了计算数学专业，开始培养计算数学人才。同时，这一年还是中华人民共和国成立 10 周年，许多学科分支或方向为了献礼，都把这一年作为当时阶段性的节点。比如中国科学院编辑出版了《十年来的中国科学》，总结了新中国成立以来的科学发展，其中数学分册专门用了一章来论述计算数学的发展，标志着计算数学作为一门学科在中国得到了确立[68]。

基于对原始档案与研究文献的掌握，本书共分为 6 章。第 1 章为绪论，介绍相关背景知识。第 2 章是计算数学在中国的肇始，时间大约从 1940 年到 1950 年，这期间一小部分数学家与工程师开始提议发展计算数学，或从事与计算数学相近的研究工作。第 3 章为计算数学在中国创建的重大机遇，时间定格在 1952—1956年，这一时期中国开始向科学进军，并制定《十二年科技规划》。经过科学家们持续不断的努力，计算数学作为计算技术的一部分被纳入国家紧急规划中，开始步入创建的快车道。

第 4 章与第 5 章分别从中国科学院计算技术研究所与高等院校两个方面，论述中国计算数学研究机构的组建与教学专业的创办。中国科学院计算技术研究所从 1956 年开始筹备，1959 年正式建所，其中第三研究室主要从事计算数学的研究。高等院校数学系的计算数学专业从 1956 年开始创办，到 1958 年北京大学、吉林大学与南京大学等几个主要的综合性大学都开办了计算数学专业。第 6 章为结语，梳理总结中国计算数学创建的历程。

计算数学在中国从创建到现在不足百年，目前仍在快速发展中。本书的很多材料是从受访人口述得出的，由于各种因素，受访人可能有记不清楚或主观判断的地方，笔者尽量将访谈与档案以及其他资料相互印证，但能否公正地反映历史，尚待进一步的观察与论证。作为历史研究，应该提供这些材料的来源出处，特将几个访谈作为附录列出，以备参考。最后追昔抚今，祝愿包括计算数学在内的中国数学早日步入世界之巅。

第 2 章
计算数学在中国的肇始

中国古代数学虽然有着悠久的历史与辉煌的成就，然最终未能进入到连续数学的阶段。而根据计算数学家 L. N. Trefethen 的定义，计算数学恰是对连续数学问题的算法研究，因此中国古代数学不具备发展为现代计算数学的基础。

从 20 世纪初开始，中国数学界废弃了沿用数千年的传统数学，全面学习来自西方的现代数学。通过选派留学生出国学习、兴办高等数学教育等途径，到了 20 世纪 40 年代，中国已逐步引入纯粹数学的主要分支。由于现代数学主要是从欧洲和美国移植到中国的，因此中国数学界也必然呈现出欧美数学界当时的一些观点和看法，如纯粹数学是好的数学，而应用数学是差的数学。

如 1.3.1 节拉克斯所言，二战是应用数学发展的分水岭。不仅欧美等国家开始重视应用数学，中国也有一小部分数学家对数学的看法发生了转变。据现有资料，华罗庚最早意识到了计算数学的重要性，他积极采取各种行动呼吁发展计算数学，并给出了较为详尽的发展建议书。因此，华罗庚是中国计算数学的先驱。遗憾的是，由于当时社会变动、学术界对数学的看法不一以及华罗庚资历尚浅等因素，他的设想与建议最终搁浅。

2.1 华罗庚对计算数学的早期推动

华罗庚在中国可谓家喻户晓，被誉为"人民的数学家"，他是中国解析数论、典型群、矩阵几何学、自守函数论与多元复变函数等很多方面研究的创始人与奠基者。关于华罗庚，学术界已有很多研究成果，特别是王元院士对华罗庚研究多年，他撰写的《华罗庚》堪称国内最好的数学家传记之一[69]。本书在这里参考《华罗庚》，简单介绍下华罗庚的早期经历。

华罗庚，1910 年 11 月 12 日出生于江苏金坛，1925 年毕业于金坛县初级中学。1926 年之后华罗庚开始自学数学，1930 年在上海《科学》杂志发表《苏家驹之代数的五次方程式解法不能成立之理由》，因此被时任清华大学数学系主任的熊庆来发现，并被其邀请到清华大学工作。从 1931 年开始，华罗庚在清华大学边工作边学习，很快学完了数学系的全部课程，不久之后又被破格提升为助教，旋即升为教员和讲师。

1935 年，美国数学家维纳①访问清华大学，注意到华罗庚的才能并将其推荐至英国数学家哈代（G. H. Hardy, 1877—1947）②处学习数论。在剑桥访问期间，华罗庚受到哈代学派的重要影响。1938 年归国后，华罗庚被清华大学直接聘为教授。这一时期，华罗庚的主要研究领域是数论。然而抗日战争的全面爆发，使得他对数学的看法呈现出了变化。

2.1.1 对数学认识的初步转变

全面抗战开始以后，国民政府为了节省财力，开始对留学教育加以限制。从 1938 年到 1939 年，国民政府接连制定了一系列的规定和办法，以军、工、理、医有关军事国防之科学为主要留学方向[70]。1940 年，华罗庚注意到教育部对选派留学生偏向应用科学方面的重视，便于 3 月 4 日给时任教育部长的陈立夫写信，大胆地谈论了他对应用科学的看法：

> "立夫部长先生赐鉴：日前报载政院议决之本届庚款留英生名额③，较庚款会原议略有更变。窥其用意，殆为抗建需要孔殷，故略偏应用及当务之急，用意至善。丁此时艰，绝无可非议处。但鄙意尚略有补充，敢为先生一陈之。
>
> 　建国虽万端经纬，但要言之可分为治标治本。治标所赖应用科学是，治本所赖纯粹科学是（只限于科学）。治标宜迅赴时机，故此次之留英留美之偏重应用，可谓窥中款要。"[71]60

华罗庚虽然提及应用科学，并赞扬教育部窥中要害，但实际上他还是更偏重纯粹科学。所以他接着写了这样的话：

> "治本宜效七年之病求三年之艾之道，而早为之备。即在抗战期中，应先为纯粹科学树一基础，不宜过于偏枯。右说似

---

① 维纳，美国应用数学家，在电子工程方面贡献良多。他是随机过程和噪声信号处理的先驱，控制论之父。

② 哈代，英国数学家，对分析学与数论有深入研究，20 世纪英国分析学派的代表人物。

③ 即第七届庚款留英学生，因二战缘故改送加拿大，这批学生中有钱伟长、郭永怀、林家翘、段学复等人。

太抽象，今作次之具体建议，即在国内与研究纯粹科学之学员以进修及升迁之机会。进言之，对于进修方面，宜设置纯粹科学之研究所……" [71]61

华罗庚对待纯粹科学与应用科学的态度，固然与自己从事数学研究有关，但同时也是当时数学界一种潮流的具体体现。就在同一年，华罗庚访问剑桥时的导师哈代出版了《一个数学家的辩白》（*A Mathematician's Apology*）[72]。哈代在书中明确表达了对纯粹数学的辩护以及对应用数学的攻击。哈代的言论代表了相当一部分数学家的观点，并继而由法国的布尔巴基学派发扬到极致。

在这封信中华罗庚还呼吁设置研究纯粹科学的研究所，实际上主要指的是数学研究所。当时的数学强国，几乎都设立了数学研究所。如瑞典数学家米塔格–莱弗勒（Gösta Mittag-Leffler, 1846—1927）在 1916 年成立了研究所（Institut Mittag-Leffler），法国 1928 年成立了庞加莱研究所（Institut Henri Poincaré），德国哥廷根大学 1929 年成立了数学研究所，美国 1930 年成立了普林斯顿高等研究院（Institute for Advanced Study, IAS），苏联科学院 1934 年成立了斯捷克洛夫数学研究所（Steklov Mathematical Institute）。

国民政府在 1928 年设立中央研究院，极大地促进了中国科学的发展。中央研究院设有物理、化学、地质甚至社会科学、历史语言等研究所，却没有专门研究数学的机构。当时中央研究院还没有建立院士制度，评议会是最高的学术评议机关。评议会中的数学代表仅有姜立夫一人，而且被列在物理学名下[73]。这种情况，对中国数学的发展可以说是非常不利的。

陈立夫收到这封信后很是重视，他于 1940 年 3 月 23 日回函，说明抗战时期教育部确有向应用科学政策倾斜的意图，但同时正在修订研究员的升迁等办法，对纯粹科学与应用科学等同视之：

"罗庚先生大鉴：四日惠书奉悉。本部对于应用科学与纯粹科学人才之培养，向主兼筹并顾。本年清华招考留美学生及中英庚款招考留英学生学额科门，注重实用科学，自为适应抗战建国之需要而设。但国内大学，如中央大学等校，已设有理科研究所等，注重纯粹科学之研究。凡有志研究者，均可入院进修……[74]"

到了 20 世纪 40 年代，中国数学取得了很大的进步。终于在 1941 年 3 月，中央研究院评议会决定成立数学研究所筹备处，主任为姜立夫。筹备处暂设立在昆明西南联合大学（以下简称西南联大）数学系，第一批兼职研究员为苏步青、陈建功、江泽涵、陈省身与华罗庚。由于抗战，筹备处缺少图书资料，也没有专门的研究员，以至于中央研究院数学所正式成立则是 1947 年的事情了。

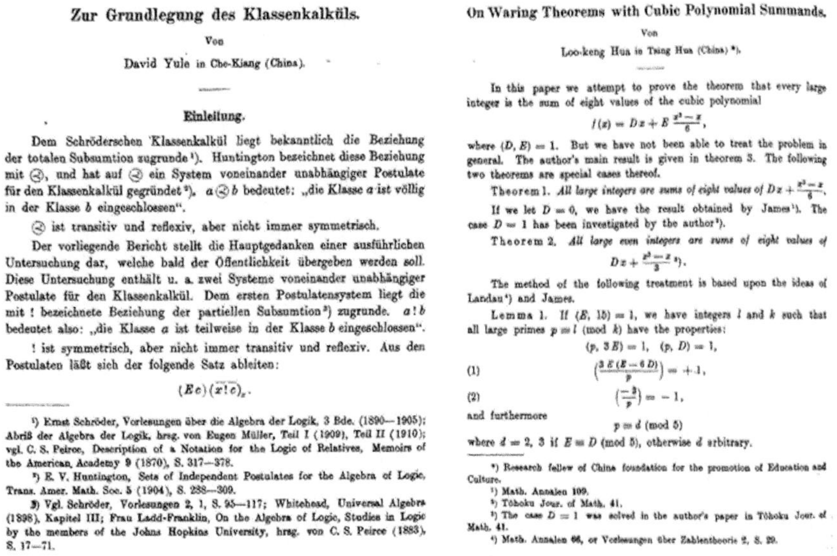

Zur Grundlegung des Klassenkalküls.

Von

David Yule in Che-Kiang (China).

Einleitung.

Dem Schröderschen Klassenkalkül liegt bekanntlich die Beziehung der totalen Subsumtion zugrunde¹). Huntington bezeichnet diese Beziehung mit ⊜, und hat auf ⊜ ein System voneinander unabhängiger Postulate für den Klassenkalkül gegründet²). $a \circleddash b$ bedeutet: „die Klasse a ist völlig in der Klasse b eingeschlossen".

⊜ ist transitiv und reflexiv, aber nicht immer symmetrisch.

Der vorliegende Bericht stellt die Hauptgedanken einer ausführlichen Untersuchung dar, welche bald der Öffentlichkeit übergeben werden soll. Diese Untersuchung enthält u. a. zwei Systeme voneinander unabhängiger Postulate für den Klassenkalkül. Dem ersten Postulatensystem liegt die mit ! bezeichnete Beziehung der partiellen Subsumtion²) zugrunde. $a ! b$ bedeutet also: „die Klasse a ist teilweise in der Klasse b eingeschlossen".

! ist symmetrisch, aber nicht immer transitiv und reflexiv. Aus den Postulaten läßt sich der folgende Satz ableiten:

$$(E \, e)(x ! e)_x.$$

¹) Ernst Schröder, Vorlesungen über die Algebra der Logik, 3 Bde. (1890—1905); Abriß der Algebra der Logik, hrsg. von Eugen Müller, Teil I (1909), Teil II (1910); vgl. C. S. Peirce, Description of a Notation for the Logic of Relatives, Memoirs of the American, Academy 9 (1870), S. 317—378.
²) E. V. Huntington, Sets of Independent Postulates for the Algebra of Logic, Trans. Amer. Math. Soc. 5 (1904), S. 288—309.
³) Vgl. Schröder, Vorlesungen 2, 1, S. 95—117; Whitehead, Universal Algebra (1898), Kapitel III; Frau Ladd-Franklin, On the Algebra of Logic, Studies in Logic by the members of the Johns Hopkins University, hrsg. von C. S. Peirce (1883), S. 17—71.

On Waring Theorems with Cubic Polynomial Summands.

Von

Loo-keng Hua in Tsing Hua (China) *).

In this paper we attempt to prove the theorem that every large integer is the sum of eight values of the cubic polynomial

$$f(x) = D\,x + E\,\frac{x^3 - x}{6},$$

where $(D, E) = 1$. But we have not been able to treat the problem in general. The author's main result is given in theorem 3. The following two theorems are special cases thereof.

Theorem 1. All large integers are sums of eight values of $Dx + \frac{x^3-x}{6}$.

If we let $D = 0$, we have the result obtained by James¹). The case $D = 1$ has been investigated by the author¹).

Theorem 2. All large even integers are sums of eight values of

$$Dx + \frac{x^3-x}{3}\,{}^2).$$

The method of the following treatment is based upon the ideas of Landau³) and James.

Lemma 1. If $(E, 1)$, we have integers l and k such that all large primes $p \equiv l \pmod{k}$ have the properties:

(1) $\qquad \left(\frac{3\,E\,(E - 6\,D)}{p}\right) = +1,$

(2) $\qquad \left(\frac{-3}{p}\right) = -1,$

and furthermore

$$p \equiv d \pmod{5}$$

where $d = 2, 3$ if $E \equiv D \pmod{5}$, otherwise d arbitrary.

*) Research fellow of China foundation for the promotion of Education and Culture.
¹) Math. Annalen 109.
²) Tôhoku Jour. of Math. 41.
³) The case $D = 1$ was solved in the author's paper in Tôhoku Jour. of Math. 41.
⁴) Math. Annalen 66, or Vorlesungen über Zahlentheorie 2, S. 29.

图 4　俞大维与华罗庚发表在德国《数学年刊》的论文（图片来源：《数学年刊》杂志）

1943 年，华罗庚到重庆公干。兵工署长俞大维、次长谭伯羽向华罗庚请教了一个数学问题。俞大维早年获哈佛大学哲学博士学位，毕业后曾两度到德国柏林大学深造，后转入军界。1926 年，俞大维在德国《数学年刊》（*Mathematische Annalen*）上发表了《类演算的基础》（Zur Grundlegung des Klassenkalküls）的数理逻辑论文，成为首位在这本著名刊物上发表论文的中国人。华罗庚则为第二人，他于 1935 年发表了《关于三次多项式求和的华林定理》（On waring theorems with cubic polynomial summands）的数论论文，二人从此结下了渊源[①]。

[①] 1950 年华罗庚从美国返回中国时途经香港，曾去信给奥本海默（J. R. Oppenheimer, 1904—1967）介绍将去美国访问的俞大维，并嘱托介绍哥德尔给俞大维认识。

经过一夜的思考，华罗庚用默比乌斯反演将其求出。默比乌斯反演是数论中的基本结果，该定理在 20 世纪 40 年代的表述与现在几乎没有差别。根据哈代 1938 年出版的《数论教程》（*An Introduction to the Theory of Number*）第十六章"算术函数"的第 3 节与第 4 节，默比乌斯函数的定义如下：

$$\mu(n) = \begin{cases} 1, & n = 1 \\ (-1)^k, & n\text{为}k\text{个不同素因子的乘积} \\ 0, & n\text{有平方因子} \end{cases}$$

默比乌斯反演公式为：如果 $f(n)$ 与 $g(n)$ 是两个函数且 $g(n) = \sum_{d|n} f(d)$ ，则

$$f(n) = \sum_{d|n} \mu\left(\frac{n}{d}\right) g(d) = \sum_{d|n} \mu(d) g\left(\frac{n}{d}\right) \text{。}$$

据一些文献记载，这是一个密码问题，即这些密码可能是通过某种默比乌斯变换加密而来，但这种加密方式已在很大程度上落后于当时密码学的发展。更何况破译密码是一个极其复杂的工程，需要大规模团队分工合作才能完成，仅通过默比乌斯反演在技术上难以破译出日军轰炸昆明等内容。因此，笔者认为更加可信的说法应该是解决了一个与国防有关的数学问题。

1944 年 1 月 15 日，华罗庚给陈立夫写了第二封信。这封信主要是华罗庚论述自己这几年的研究成果和暂不出国的原因。大约从 40 年代开始，通过与普林斯顿高等研究院的数学家外尔（H. Weyl, 1885—1955）[①]的频繁通信，华罗庚的研究领域逐渐扩展到自守函数与矩阵几何，并做出了出色的成绩。华罗庚的这项工作与西格尔（C. L. Siegel, 1896—1981）[②]多有交集，西格尔当时正在普林斯顿工作，外尔决定邀请华罗庚到高等研究院访问[75]。1943 年 4 月，高等研究院向华罗庚发出邀请，但出于"率尔前往可能牺牲独立发明之誉"的爱国精神以及办理护照、安置家庭等客观困难，华罗庚拒绝了邀请。

在这封信中，华罗庚还特别提到他帮助俞大维解决应用问题的事情：

---

① 外尔，德国数学家、物理学家和哲学家，希尔伯特最优秀的学生，普林斯顿高等研究院最早的几位成员，20 世纪最有影响力的数学家之一。

② 西格尔，德国数学家，研究领域为数论、不定方程与天体力学，1940 年加入普林斯顿高等研究院，1978 年获首届沃尔夫数学奖。

"此次在渝，蒙俞署长大维，谭次长伯羽，以一应用问题久未解决者垂问。罗庚运用其愚钝竟获解决。于抗战已入决定阶段之今日，一纯粹学人发现对国防竟能有具体之贡献，其快可知也！因作'守株待兔'之想，期能无负国恩耳。"[71]63

这件事使华罗庚认识到纯粹科学（如数论）也能对国防有具体的贡献，对他的触动可以说是非常大的。哈代曾在《一个数学家的辩白》中宣称：

"对真正的数学家而言，很容易得出一个令人欣慰的结论：真正的数学对战争没有影响。迄今为止，还没有人发现数论或相对论能被用于战争目的，而在未来的很长一段日子里，似乎也不太可能会有人这么做。"[72]44

然而仅仅在 3 年之后，华罗庚的这次经历便论证了哈代的言论是片面的，他对数学的看法开始产生重要的变化。

2.1.2　对数值计算的重视与介绍

1944 年 3 月 17 日，华罗庚又给陈立夫去信一封。信中华罗庚从国防的观点出发，直言数值计算、机器计算的重要性：

"盖就国防观点而言，数值计算、机器计算实为现代立国不可或缺之一项学问。而我国现尚无认识之因而研究者。而我大学之数学课程内容，大致仍抽象而忽视具体；数值计算往往为不了解者以'容易'二字抹煞之。因之，毕业之学生，座谈几无一不知，实算则茫无一策。以为谋建国则不啻风马牛，以之言学术则将流为浮夸之风焉。"[71]64

华罗庚给陈立夫写的信，一封比一封深入。特别是在华罗庚感受到数学可以对国防有所贡献后，紧接着就写信陈述数值计算与机器计算的重要性。因此可以断定，这与他解决俞大维的数学难题有很大的关联。1944 年 7 月 17 日华罗庚给维纳的信也可以印证这一点：

中国 计算数学的初创

"我曾为我的国家做过一些与战争有关的工作，现在可能获准出国。我很希望能到美国来。我现在不仅对纯粹数学而且对机器运算感兴趣，您在这方面也是权威，而麻省理工学院则是该领域最重要的中心之一。"[76]324

华罗庚在信中说到他做过与战争有关的工作，指的正是解决数学难题这件事。而机器计算在解决数学难题中具有非常重要的作用，这或许是华罗庚在这几封信中对机器计算如此关心的一个重要原因。而为了解释数值计算与机器计算的重要性，华罗庚还在信中附了一个表，就国外情况、有关科目和机器种类做了简单介绍。现有资料不能确定华罗庚何时开始搜集机器计算的情报工作。

国外情况方面，华罗庚提及敌人（日本）海军中有正弦积分表；英国方面有比克利（W. G. Bickley, 1893—1969）与 J. C. P. Miller, A. J. Thompson 等人组成的数学实验室[1]；美国方面有布什（V. Bush, 1890—1974）教授与国防打成一片，D. H. Lehmer 更是将此导入学术研究；德国普通大学有"调和分析器"，龙格教授终身致力于简算捷算的工作。时比克利只是一名副教授，而布什则是美国国防研究委员会主席。可见无论职务高低，华罗庚都有所关注。

有关科目方面，华罗庚提到弹道、投弹、测向、统计、气象等都需要数值计算与机器计算。这些机器不仅在实用方面有所贡献，对理论研究亦有相助。机器种类方面，华罗庚列出的机器有：National Accounting Machine, Bush Integrater, Mallock Equation-Solver, Hollerith Machine, Punch Machine, Sinima Integraph, Harmonic Analyser, Differential Analyser 等。当时电子计算机尚未问世，计算数学也没有真正发展起来，华罗庚对计算机与数值计算的敏感和重视可以说是非常具有前瞻性的。

从华罗庚列出的机器种类来看，他对国外机器计算的发展是非常熟悉的。比如他提到的打孔机（Punch Machine）和何乐礼机（Hollerith Machine），是专门用于统计的。打孔机专门用来打孔，通过在纸板上预知的位置打洞或者不打洞来表示数字。基于此技术，德裔美籍统计学家、工程师霍而瑞斯（H. Hollerith, 1860—1929）于 19 世纪 80 年代发明了制表机。这种机器在 1890 年美国人口普查中发挥了重要作用，极大地缩短了工作时间。

谐波分析仪（Harmonic Analyser）是德国数学家亨里奇（O. Henrici, 1840—

---

[1] 此实验室是 1937 年剑桥大学成立的专门研制算机和发展算法的实验室，后来发展成为剑桥大学的计算机系。

1918）于 1894 年在伦敦发明的。由傅里叶级数可知，任意周期函数 $f(x) = f(x+T)$
都可以展成三角级数 $f(x) = \dfrac{a_0}{2} + \sum\limits_{n=1}^{\infty} a_n \sin\left(\dfrac{2n\pi}{T}x + \varphi_n\right)$。因此，复杂的波动
必然可分解为与原波动频率相等的基波（即 $a_1 \sin\left(\dfrac{2\pi}{T}x + \varphi_1\right)$），以及频率等于
原波动频率整数倍的谐波（即 $\sum\limits_{n=1}^{\infty} a_n \sin\left(\dfrac{2n\pi}{T}x + \varphi_n\right)$）。谐波分析仪最初用来测
定复合声波中的基波和谐波，后来被广泛应用于电路中。

微分分析仪（Differential Analyser）是由美国工程师布什发明专门用来求解
微分方程的计算机。微分方程一般来源于实际问题，在工程中大量出现。由于绝
大部分的微分方程没有解析解，其研究逐渐分为定性理论和近似求解。马洛克解
方程机（Mallock Equation-Solver）、国家计算机（National Accouting Machine）
与微分分析仪一样，都是专门用来求解微分方程数值解的。

布什，1890 年出生于马萨诸塞州，1909 年进入塔夫茨学院（Tufts College）
读本科，数学和物理成绩都很棒。19 世纪末 20 世纪初，美国的科学还很落后，但
在技术发明和专利申请上却十分领先，以爱迪生（T. A. Edison, 1847—1931）、贝
尔（A. G. Bell, 1847—1922）为代表的发明家和工程师是很多人艳羡的职业。与
亨里奇、何乐礼类似，布什也是先做了几年工程师，然后才去读的博士。1916 年，
布什获得了麻省理工学院电机工程系的博士学位。1919 年，他到麻省理工学院电
机工程系任教。为了解决电路中经常遇到的微分方程问题，从 1928 年开始，他带
领一群工程师制造了微分分析仪。这台机器重达 100 吨，由几百根平行的钢轴组
成，靠电机驱动。仅机器的电线，首尾排列起来就达 200 英里[①]。微分分析仪被仿
造了多台，在二战中曾立下赫赫战功。

布什和微分分析仪与中国也有渊源[77]。1935 年，维纳受李郁荣的邀请到清华
大学担任研究教授，主要在电机系与数学系工作。李郁荣是布什在麻省理工学院
培养的博士，在攻读博士期间，布什将其推荐至数学系维纳教授处，二人合作发
明了现在被称为"李-维纳网络"（Lee-Wiener network）的专利。李郁荣在给维
纳的邀请信中还提及曾远荣与赵访熊[78]，巧合的是，此二人日后都成为中国计算
数学发展过程中的重要人物。

维纳与李郁荣、顾毓琇在电机系还进行了计算机的研究工作[79]。由于维纳离
华以及资金、人力等各方面的原因，研制计算机的尝试未获成功，但华罗庚曾在

---

① 1 英里 $\approx$ 1.6 千米。

维纳访华期间与之密切接触，他很有可能在那个时候就对计算机有所关注了。笔者甚至可以大胆推测，华罗庚在访问剑桥期间有搜集过这方面的情报。另据研究，中国在 20 世纪 30—40 年代的许多报刊中刊登了计算机的知识[80]，这可能构成了华罗庚搜集资料时的另一个来源。

华罗庚起初呼吁设立数学研究所的理由是数学可以治本，后来意识到数学也可以治标（对国防有贡献），即大力强调发展应用数学和计算数学。在 1944 年 3 月 7 日致陈立夫的信中，华罗庚认为数学应以数理哲学为基础，以代数、解析①与几何为支柱，在此基础上发展应用数学，才能做到不偏不倚。因此，他建议将数学研究所分为三个部门：纯粹数学部门、应用数学部门与计算部门（见表 3），只有这样才可言"学术成辅车之势，对国防定无脱节之虞"。

表 3　华罗庚 1944 年对中央研究院数学所的设想

数学所	主要科目
纯粹数学之部	数理逻辑、解析学、代数学、几何学
应用数学之部	弹道学、空气动力学、弹性力学、测量学
	理论物理及化学、统计学、数理经济及数理遗传学
计算之部	制造算尺算机以备统计等方面之用
	算机之运用，经常襄助国防计算重要表格

至此，华罗庚对整个数学特别是应用数学有了较为详细的把握。陈立夫对华罗庚的这些看法是支持的，在复函中说"惠函奉悉，承示今后数学研究须注重国防应用方面，高瞻远瞩，至深钦佩。尚希继续倡导，以转变过去偏重理论忽略应用之风气"。此后华罗庚多方搜集情报和资料，对于机器计算在战争中所起的重要作用了解越来越深入，他心中已经有了一个更大的计划。

2.1.3　提交《建议书》及其搁浅

1945 年抗日战争胜利之际，华罗庚在此前给陈立夫去信的基础上，向教育部提交了更为详尽且具有操作性的《建议书》，主题为"迅速派员出国学习计算机之原理、运用及制造"。之后，华罗庚在《教育通讯》发表《科学教育的新工具——计算机》，内容与《建议书》基本相同。本节内容主要取自郭金海的研究[81]，不再进行具体的标注。

华罗庚提交《建议书》的内容分为 6 部分：具体的效用、原则的说明、他国

---

① 这里的解析应是指分析学。

发展概况、初步办法、经常办法与附记，较为系统地说明计算机在国外的发展和应用概况，在中国发展的必要性和具体办法。全文如下：

建议书

主题 迅速派员出国学习计算机之原理、运用及制造。

具体的效用 美国方面有人推选战争中美国科学界之十大功勋，算机之进步列为第四。若"盘尼西林"之发明等皆列于其后。"雷达"之发明列为第一。当然在"雷达"发明及运用之过程中，算机实亦有功。又如超级空中堡垒之成功亦恃电子计算器之辅助，不然射击无由准确。因而超堡防御力决难如此坚强或不能达成今日如此圆满之任务。在承平时代，此种研究之功能亦伟。举例以言，我国版图广大，人口众多，欲书一统计数字，常有积小误为大讹之可能。如藉①算机则不特正确性多一层保障，抑且可不失时效，节省人力。又若现代科学翻陈出新之发明，纯理论之对证，于事实在在皆需冗长之计算。举近例以言，昆明电厂曾请联大工学院某教授研究一电力问题，计算方面共费去一百零八工。理学院某教授作一晶体研究，其计算部分已费四百工，尚未完成。但如有算机辅助，其效力不可以道里计矣。他日工业上正规之后，需要之殷切，更不待言。

原则的说明 人类进步与能控制冗繁计算之程度成正比例。原人之初，屈指计算，故对象之繁杂当限于千百。待人事稍繁，笔算、算盘、算尺及加法算机之运用，可以积千垒万，丝毫不爽。但今也，科学进步，计算范围早已超出加减乘除、乘方、开方之外，且有时一问题之来，往往即在四则运算之中，而须运用千次。即就加法言，运算千次而无误者未尝有也。是以算机发展乃势所必然。今也，积分可以机器算之。微分方程

---

① 原文如此。

可以机器行之，行列式可以机器展开之。洋洋乎大观矣，此新兴之学科！苟我不乘时赶上，早为储备，则我国工业化之日，即我国科学家疲于计算之时，可不努力以赴哉？

他国发展概况　美国之国防科学研究领导者布什即此出身。彼对此项研究之贡献极大。现在卡尼基研究所及麻省理工大学等，乃此项研究之中心。美国各大学之发展亦极普遍。凡与统计、工程之研究有关之机构，无不备有算机。

在英国则由不列颠学会（British Association）主持，有数学实验室专司其事。所造图表之完备、精确，为世界所珍视。其所发明之"国家计算机"尤脍炙人口，对统计方面之供①献极大。

德国方面亦异常普遍。在哥廷根大学有应用数系，有以此为终身研究之专门教授。若柏林大学等皆有调和分析器之设置。日本方面，海军部设有专门部门作数值计算。其所造之某一种表在不列颠协会未出版一较精密表之前，曾保持二十年世界纪录。当可想像②定有不少有关军机而未发表之图表。苏联方面，据罗庚所知，其数学家已整个动员为国服役，但是否系参加此类工作则不详。

今再列举著名之器械：布什积分器（Bush integrator）、马洛克方程式求解器、微分影片器（Differential cinema）、调和分析仪、何乐礼计算机（Hollerith calculation machine）、统计打点器、简单算机、算尺及诺莫术等。

初步办法　在未说明办法以前，先请注意此门学问乃数学、物理及电机工程的混合产儿，理论与技术配合的结晶，不是仅懂数学或仅懂电工者之所能了解。刻我国尚无人专攻，亦非半载、一年之可以学得者，因有次之建议。

---

① 原文如此。
② 原文如此，"像"为"象"。

先派遣四人：学数学者一人、物理者一人、电工者二人，同往美英学习，组成团体，由一人领导，期收分工合作之效。学习期暂限二年，于第一年工作完成时，应报告政府是否应续派数人，抑或由此数人回国后训练新人。即可于回国时则购置各式各种之算机携回，而进入次之。

经常办法 应设立一研究运算之机关或附设于国防机构中。如日本即隶属于海军部，或与中央研究院数学研究所合筹，或另立新机构，均无不可。先将携回之现成机械熟练应用，且为全国国防事业、统计事业、工业及纯研究之需要冗长计算者服务。第二阶段制造（仿制）算尺及简易算机等，以供全国之用。第三阶段则精益求精，期能发明新算机、新算法等。

附记 苟更求稳妥，则于第一步之前再加一步：先派一与此门研究稍近之专家出国，调查、考察此类科学发展之概况，然后再进行第一步之工作，但时不可失，机不可再（盖一旦战争完毕，将不能见到其与战争之关系矣），深望能于六个月内完成调查、考察之工作。

《建议书》非常具有前瞻性，不仅指出计算机与数值计算在战时作用巨大，而且指出在和平建设时期的作用将更加明显，特别是指出将来我国大规模建设时一定会遇到大量的计算问题，因而必须提前做好规划。华罗庚还意识到计算机与数值计算是交叉学科，必须结合数学、物理与工程等人员，并需要出国考察、学习等。此外，还必须设立相关机构，在建制上予以保障。

教育部收到华罗庚的《建议书》后曾致函中央研究院，请其下的数学所筹备处合作落实。1945 年 11 月 5 日，数学所筹备处回函中央研究院总办事处：

"业经慎重考虑，依本处同人意见'计算机之原理、应用及制造对于国防科学及工业之发展极关重要，我国宜有专门机构广罗数学、物理及工程各方面之特别人才合作研究，方能奏效。本院数学研究所以纯理数学之本身为研究之范围，其所包括已极广泛，暂时决无能力顾及机器制造等类技术问题。

故该建议书中所拟各项经常办法似以另立新机构为最宜。隶属本院或隶属他部，则可视经费来源而定'。是否有当？请斟酌情形，备函答复教育部为荷！"

平心而论，数学所筹备处的回函并无不妥之处，当时数学所尚未正式成立，合作从事计算机研究的确有困难，因而建议另立新机构。但这封信同时也反映出一种现实，即大部分数学研究人员只关心纯粹数学。华罗庚意识到这一情况积重已久，欲返之约，当非一日之功。但他仍在公私场合宣传这一思想，并拿自己解决俞大维数学问题的事情来举例，但结果不甚理想。正如华罗庚所言："同学辈微有领悟。但人微言轻，且一叙泉咻，恐难见效于长期耳。"

虽然数学所筹备处不同意合作研究运算之机构，但中央研究院总干事萨本栋仍希望落实华罗庚的建议。萨本栋具有工学背景，专长物理学、电机工程，主要从事电路、无线电的研究，对数学亦较为熟悉。在此前担任厦门大学校长期间（1937—1945），由于厦门大学数学师资缺乏，萨本栋曾一度代理数理系主任，并开设多门数学课程[82]。但由于种种原因，中央研究院与教育部最终都未能落实华罗庚的《建议书》。这件事情不再有下文，就此搁浅。

2.1.4 出国后继续关注数值计算

华罗庚的主要研究领域之一是数论，苏联在 20 世纪 40 年代是解析数论的一个研究中心。华罗庚计划访问苏联，但时局艰难，困难重重。经过姜立夫等人多次向中央研究院推荐以及抗日战争取得胜利等因素，华罗庚终于实现了这一愿望[83]。1946 年 2 月至 5 月，华罗庚应苏联科学院的邀请访问了苏联。在参观完莫斯科大学数学力学系与斯捷克洛夫数学研究所后，他发现这两个机构都有应用数学部门，为此颇为感慨：

"中国有一般人，认为数学无用，也有一些数学家，自己对数学研究得很好，但总觉得数学无用武之地。其实，是因为没有中间这一道桥梁，把数学和应用连接起来。我们中国科学要想进步，除去必须注意到理论的研究之外，还需要注意到理论和应用的配合，理论如果不和应用配合，则两厢脱节，而欲求科学发达，实在是不可能……我国将来数学研究所

的工作，似乎不应当只偏重于纯粹数学或纯粹数学的一部分而已。"[76]361-366

在抗战后期，华罗庚曾受到了普林斯顿高等研究院的多次邀请，他自己也一直有出国的计划，然因种种因素而未能成行。1945 年 11 月，军政部长陈诚、兵工署长俞大维受到原子弹的震撼，召吴大猷、曾昭抡与华罗庚赴渝商谈。鉴于国家科技基础薄弱，吴大猷、华罗庚等建议从培养人才着手。陈诚等虽然失望，仍决定选派他们三人各带助手出国研习原子弹的制造技术。

然而华罗庚等人到了旧金山才知道，美国政府已宣布新的规定：凡与原子弹有关的研究机构和工厂，一律不准外国人进入。国民政府的"原子弹研究计划"破灭了。加上南京当局因为内战军费过于庞大，又终止了先前已经批准的此项研究经费，最后大家只得"各奔前程"，华罗庚则趁机到普林斯顿高等研究院访问。实际上，华罗庚此行早就确定了到普林斯顿访问的计划。在赴美前给外尔的一封信中，华罗庚写道：

"我长时间的梦想就要变成现实了，这让我喜出望外。现在我完成了赴美所有必须①的程序，我的船将要在 9 月 2 日 4 点起程。如果事情都按照计划进展，我将会在 9 月底之前到达普林斯顿。"[84]

二战期间，美国的应用数学取得了空前发展。第一次到普林斯顿访问的华罗庚，除了继续在数论、自守函数与矩阵几何等领域做研究外，必然会抓紧利用这次机会考察美国应用数学的发展。因为早在 1944 年 3 月 17 日给陈立夫的信中，华罗庚即表达过这个想法：

"此次出国之目的，一方面固为广数学方面之见闻，而他方面实为理论及使用谋以联系也……因之，期能出国一考，察友邦科学家如何报国之道，及以何种学识贡献给国家。"[71]64

华罗庚一共在普林斯顿访问了两年（1946—1948），而这两年恰是冯·诺依曼开创计算数学的关键时期。至于华罗庚在普林斯顿期间与冯·诺依曼有过何种程

---

① "须"为"需"。

度的接触，尚待认真研究。可以确定的是华罗庚出国前曾给奥本海默写过信，这封信抄送名单上的第一人是爱因斯坦，第三个人则是冯·诺依曼[85]。除此以外，另有一张 1946 年华罗庚与冯·诺依曼在普林斯顿一起参加"数学问题"大会的照片。

笔者认为，可以合理地推测华罗庚与冯·诺依曼有过接触。华罗庚此前已经对机器计算有过关注，还向国民政府教育部提交了《建议书》，在普林斯顿怎么可能会轻易放过这个机会？另据华罗庚的二儿子华陵回忆，1950 年他与父亲一起从香港通过罗湖桥回大陆，当时那段路很难走，而华罗庚一瘸一拐地提着大箱子走得很辛苦，华陵就问箱子里是什么，华罗庚答曰计算机资料[①]。

图 5　华罗庚（前排右 1）与冯·诺依曼（二排右 5）、维纳（二排正中）一起参加在普林斯顿
召开的"数学问题"的会议（本图由《数学文化》提供）

因此，虽然华罗庚是受国民政府派遣赴美研习原子弹，但他关注更多的可能还是数学与计算机。总之，华罗庚对计算机与数值运算的关注非常早，他积极地搜集这方面的情报资料，推动它们在中国的发展。然而在当时国民政府日趋式微

―――――――――

　① 见央视科教频道《探索·发现》栏目 2011 年播出的 8 集人物传记片《华罗庚》第三集对华陵的采访。

的社会环境中，诸多条件欠缺，学人对数学的认识亦不全面，这使得华罗庚的诸多努力收效甚微，他必须等到外部条件的转变。

2.2 其他科学家的一些工作

在中国计算数学的肇始时期，除了华罗庚积极倡导发展计算数学以外，还有其他数学家与科学家、工程技术专家在数值计算方面做过研究工作，有的还很杰出。D. Tournès 在 2014 年首尔国际数学家大会的 45 分钟报告中就曾指出，自 18 世纪以来，工程师起到了联系数学与应用的桥梁作用，他们特别关注实际问题的数值解，是计算数学发展的一个重要推手[19]。因此在中国计算数学历史的研究过程中，还需要关注那些与之有密切关联的科学家与工程师的工作。根据搜集到的资料，本书简单介绍林士谔与董铁宝的工作。由于他们分别是航空自动控制与土木工程出身，已有研究多关注他们在工程领域的贡献，对计算数学方面论述不多，这里我们简单做一个介绍。

2.2.1 工程专家

林士谔，广东平远人，1913 年 7 月出生于广州，是我国航空自动控制学科与陀螺惯导学科的奠基人，在航空自动控制与惯性技术领域具有重要贡献。林士谔 1931 年考入交通大学（上海）电机系，1935 年毕业后到美国麻省理工学院留学，师从世界著名陀螺仪表专家德雷珀（C. S. Draper, 1901—1987）①学习航空工程，1939 年 6 月获得博士学位。

林士谔主要是从航空背景切入数值计算的。在研究飞机控制稳定性时需要求解微分方程，这类问题最后可化为求多项式根的问题。林士谔在博士论文《飞机自动控制的数学研究》（A mathematical study of controlled motion of airplanes）中，创造性地提出了劈因子法：首先估计两个根，然后将多项式降次，逐步做下去求出全部根。

林士谔在 1939 年博士毕业后回国任教。德雷珀以林士谔的名义将他的方法整理成论文，分别于 1941 年、1943 年和 1947 年发表于麻省理工学院《数学与物理杂志》（Journal of Mathematics and Physics）上。这三篇论文分别为：

---

① 德雷珀，美国科学家和工程师，被称为"惯性导航之父"，他是麻省理工学院仪器仪表实验室（后更名为德雷珀实验室）的创始人。

Lin S N. *A method of successive approximations of evaluating the real and complex roots of cubic and higher-order equations*[J]. Journal of Mathematics and Physics, 1941, 20(1-4): 231-242.

Lin S N. *A method for finding roots of algebraic equations*[J]. Journal of Mathematics and Physics, 1943, 22(1-4): 60-77.

Lin S N. *Numerical solution of complex roots of quartic equations*[J]. Journal of Mathematics and Physics, 1947, 26(1-4): 279-283.

德雷珀还在自己的著作中将此劈因子法命名为"林氏方法"（Lin's method）。林士谔后来还曾尝试改进"林氏方法"。为了使得计算过程更简单、更便于工程应用，使其更少地依赖使用者的经验，林士谔于 1963 年在《数学进展》上对"林氏方法"进行了讨论与补充，并列出了这方面的文献[86]。

林士谔是北京航空航天大学的创建人之一，也是我国航空导航控制专业的创建者。为了缅怀林士谔先生的功绩，2013 年 7 月在林士谔百年诞辰之际，北京航空航天大学举办了"林士谔百年诞辰纪念大会"。林士谔的同事、学生、亲友则编写了《永恒的陀螺精神——纪念林士谔先生百年诞辰》一书[87]。

董铁宝，江苏武进人，1916 年 8 月 17 日出生①。1923 年，董铁宝随父亲迁居上海，先后就读于上海实学中学、东吴二中、华侨中学、大同中学，1932 年又插班考入南洋模范中学高中一年级[46]147。在南洋模范中学读书时，董铁宝在毕业生的纪念册上，写下了"我不需要传，但我等着干"的誓言[88]。

1935 年，董铁宝考入交通大学（上海）土木工程学院，1939 年毕业后入职国民政府交通部技术厅桥梁设计处，先任实习员，后晋升为工程师。董铁宝参与修建了滇缅公路上的桥梁，其后又多次抢修被日军轰炸的桥梁，保障了滇缅公路这条国际运输线的通畅。太平洋战争爆发后，董铁宝撤回了昆明，又积极投身于机场的建设当中，为祖国的独立事业做出了重大贡献。

1945 年底，董铁宝赴美进入普渡大学土木工程系攻读研究生，同时担任助教。1947 年，董铁宝来到伊利诺伊大学土木工程系攻读博士，师从美国著名的土木工程、抗震工程专家纽马克（N. Newmark, 1910—1981）②。由于力学与土木工程密切相关，董铁宝在跟随纽马克攻读博士学位时便开始关注结构力学，特别是与之

---

① 现有文献多作董铁宝出生于 1917 年，经查阅北京大学档案馆档案资料以及与董铁宝子女董迈、董恺沟通交流，可以确定董铁宝出生于 1916 年。

② 纽马克，美国科学家与工程师，被广泛认为是地震工程的开创者之一。

相关的数值计算问题。

1950 年，董铁宝完成了博士论文《广义平面应力问题的一种数值方法》（A numerical approach to problem of generalized plane stress）并顺利获得博士学位。同年 3 月，董铁宝留校任教，担任土木工程系的助理教授。由于出色的研究能力，董铁宝于 1952 年晋升为副教授。董铁宝与纽马克合作，先后为美国海军研究办公室撰写了多个技术报告，题目为：

Tung T P, Newmark N M. *A review of numerical integration methods for dynamic response of structures*[R]. Urbana-Champaign: University of Illinois Engineering Experiment Station, 1954.

Tung T P, Newmark N M. *A method of numerical integration for transient problems of heat conduction*[R]. Urbana-Champaign: University of Illinois Engineering Experiment Station, 1955.

由于纽马克时任伊利诺伊大学计算机实验室的主席（1947—1957），因此董铁宝还有机会使用了美国第一代电子计算机 ILLIAC-I[①]进行编程。特别地，董铁宝关于结构力学与热力学的一系列数值计算都是在这台计算机上实现的。因此，董铁宝是中国最早使用电子计算机的研究人员，是中国计算力学研究的先驱。

1956 年，董铁宝谢绝了校方与导师的挽留，毅然带领全家回国。由于董铁宝的杰出成就，北京大学、中国科学院力学研究所、计算技术研究所都向他抛来橄榄枝。最后董铁宝选择到北京大学数学力学系任教，同时在中国科学院力学研究所、计算技术研究所、工程力学研究所兼职，投入到中国计算事业的拓荒之中。有关董铁宝回国后的具体贡献，笔者将在 5.1.4 节再论述。

2.2.2 数学家

在中华人民共和国成立之前，绝大多数数学家的研究领域为纯粹数学，但也有为数不多的人研习应用数学。从应用数学转入计算数学相对自然一些，赵访熊即是其中之一。

赵访熊，1908 年 10 月出生于江苏武进县，1922 年考入清华学校。1928 年赵访熊去美国留学，在麻省理工学院电机系学习，但出于对数学的兴趣，他还选修了很多数学课程。大学毕业时，导师给了赵访熊一个关于电磁场强度的理论性问

---

① ILLIAC-I 是最早的基于冯·诺依曼《EDVAC 报告书的第一份草案》（*First Draft of a Report on the EDVAC*）的电子计算机。

题，基于自身的数学知识，赵访熊只用了一个月就完成了，他的结果被推荐至美国《数学与物理杂志》发表（与"林氏方法"发表在同一杂志）。

1930 年，赵访熊从麻省理工学院电机系毕业后，决定去哈佛大学攻读数学。赵访熊数学基础扎实，仅用一年就获得了硕士学位。因此，赵访熊涉足数学领域是从应用数学开始的。1933 年，为了解决清华大学算学系师资困难的问题，赵访熊应赵元任之邀中断学习提前回国，在清华算学系任专任讲师（相当于副教授），1935 年被聘为教授。赵访熊还曾转入工学院专门讲授工科微积分，同时继续从事应用数学的研究。

1937 年，赵访熊对工程上常用的线性相关图进行了研究。1948 年他又研究了幂级数变换理论，并将其应用于求解常微分方程与线性差分方程。这些成果先后发表于《国立清华大学科学报告》(*Science Reports of National Tsinghua University*) 上。1952 年院系调整以后，清华大学成为多科性的工科大学。由于赵访熊具有工科数学的教学经验，他留在清华大学担任高等数学教研室主任。

就在这一时期，赵访熊开始转入计算数学的研究领域。仅用了两三年的时间，赵访熊便在《数学学报》与《清华大学学报》发表了 4 篇论文，研究内容涉及求解线性方程的斜量法、差分方程法、列表计算法以及求复根的牛顿法，这是当时国内为数不多的有关计算数学方面的论文。

为了发展计算数学，赵访熊于 1956 年到苏联列宁格勒大学进修，第二年又转入莫斯科大学。1958 年回国以后，清华大学成立了工程力学数学系，赵访熊任该系副主任兼计算数学教研室负责人，参与创办计算数学专业。当时国内以北京大学为代表的综合性大学纷纷设置了计算数学专业，清华大学则是工科院校中最早创办计算数学专业的高校之一（见 5.4 节）。

计算数学在中国开始创建以后，赵访熊从实际问题出发，继续从事计算数学的研究工作。在高次方程求根方面，他给出了能求出全部根的"路斯表格法"，该方法便于在计算机上计算，又不存在收敛性问题，比常用的各种迭代法优越。特别值得一提的是，赵访熊对林士谔提出的劈因子法给出了收敛性的理论证明，因此这个方法也被称为"林士谔–赵访熊方法"。

赵访熊曾两度出任清华大学副校长（1962—1966, 1978—1984），1979 年清华大学恢复创建应用数学系，赵访熊兼任应用数学系主任（1980—1984）。他是国务院批准的第一批计算数学博士生导师，是中国计算数学学会第一、二届理事长（1978—1989）与第三届名誉理事长，曾担任《计算数学》杂志主编。

为了纪念赵访熊的功绩，清华大学于 2008 年 11 月 1 日举行了"赵访熊先生诞辰 100 周年大会"，同时编辑出版了《赵访熊先生纪念文集》[89]。2012 年，赵访熊的长子赵南元编写了赵访熊的详细传记，并附上了多幅照片，是介绍赵访熊的一份不可多得的珍贵文献[90]。

计算数学虽然属于应用数学的范畴，但却是建立在纯粹数学坚实的基础上，这个基础就是逼近论。逼近论的主要内容包括插值、级数展开与调和分析等，这些经典的内容是与牛顿、高斯等人的名字联系在一起的。我国早期从事逼近论的研究人员中有个别转入计算数学，徐利治就是其中之一。

徐利治，1920 年 9 月出生于江苏省沙洲县（今张家港市），1940 年考入西南联大。在西南联大学习期间，徐利治受教于华罗庚、许宝騄等著名数学家，在大学期间就完成了 4 篇论文。大学毕业后，徐利治留校担任华罗庚的助教，并开始从事渐进分析（渐进积分与渐进展开）的研究。

1949 年，徐利治获得英国文化委员会的奖学金，到阿伯丁大学留学，第二年转入剑桥大学。1952 年，徐利治转入新成立的东北人民大学，并在这一时期开始从事逼近论（函数逼近与数值逼近）与数值积分的研究工作。1956 年至 1958 年，徐利治具体负责筹办了吉林大学计算数学专业，关于创办这一专业的具体过程与细节，可参见 5.2 节。

如果想对徐利治有更多的了解，可以参看他的传记或口述自传[56,91]。此外，曾远荣、徐献瑜、关肇直也是较早注意到计算数学重要性的数学家，关于他们的事迹，笔者将在以后的章节中予以介绍。

第3章
计算数学在中国创建的重大契机

中国数学在 20 世纪 50 年代之前取得了较大的发展,特别是将纯粹数学引入到中国,但同时也暴露出一些问题,比如数学界对实际生产漠不关心,对与数学有密切联系的力学与物理学了解不多。数学家与物理学家、工程技术专家缺乏共同的语言,也难以从其他自然科学的发展中受到启发和推动[68]。这种情况的出现,与民国时期生产水平低下,学术界对数学的认识不全面有很大的关系。

中华人民共和国成立后,中国科学界开始接受中国共产党的科技政策的领导。如何在科学研究与教学中贯彻理论与实际相结合的原则,如何使科学工作直接为祖国建设与发展服务,开始为中国数学界所注意。与此同时,在全面学习苏联的过程中,中国数学界树立了立足自身、全面发展的理念。计算数学、微分方程、概率论与数理统计等空白或薄弱的学科分支开始受到重视。

基于上述原因,中华人民共和国的科技发展体制由欧美模式转变为苏联模式[92]。中国以苏联科学院为蓝本建设了中国科学院,以苏联高等院校为样板进行了院系调整,积极实践苏联模式的计划科学。一方面,广大科研工作者终于迎来了实现他们科学抱负的稳定环境;另一方面,党和政府对发展科学事业十分关心。经过科学家与科研机构、高等院校,学术界与中央人民政府的互动,包括计算数学在内的诸多学科迎来了创建的重要契机。

3.1　华罗庚对计算数学的进一步推动

3.1.1　华罗庚学术地位的提升

虽然华罗庚早在 1944 年就提出了发展计算机与计算数学的建议,但那时刚过而立之年的他还很难在中国数学界担任重要职务,他只是清华大学的一名普通教授,可谓"人微言轻"。即使作为教授,华罗庚也非常谦虚。在 1944 年 7 月 17 日给维纳的一封信中,华罗庚曾写道:

　　"我有几位同事最近受贵国政府之邀将赴美作访问教授。我很羡慕他们的机会，我的科学资历似与这些同事相当（当然或许还不够真正的教授水平）。"[76]324

　　最新的研究表明华罗庚在中美之间进行跨国迁移时，他的动机与选择复杂而且多面[93]。经过到苏联特别是美国的访问与工作，华罗庚已成长为一名成熟的数学家，他的学术地位得到了广泛的认同。外尔在 1948 年 2 月 12 日曾向美国霍普金斯大学、宾夕法尼亚州立大学、伊利诺伊大学、密歇根大学、耶鲁大学、麻省理工大学、哈佛大学、斯坦福大学、华盛顿大学等十余所大学推荐华罗庚：

　　"想告知你们，明年华罗庚教授可以在美国工作一年。他本人想呆一年或者两到三年。我认为他的工作对于美国数学和数学家有很大价值。

　　　　他过去两年在高等研究院访问，第二年还曾在普林斯顿大学教课。他是一个满脑子充满想法的人，大多数的研究追随着维诺格拉多夫（I. M. Vinogradov, 1891—1983）①的足迹。战争结束后他受邀访问了莫斯科。在战争快要结束之时，他得到了与西格尔在多变量自同构函数（辛几何）相同的一些研究结果。

　　　　在他年轻的时候，他对区分重要结果和平凡结果缺乏明确的判断力，我可以看到他在这方面有了很大的进步。无论如何，在他的论文中，有很大一部分对数学有一流的贡献……"

　　维布伦（O. Veblen, 1880—1960）②也在 1948 年 2 月 12 日向伊利诺伊大学推荐华罗庚：

　　"我已经与哈尔莫斯（P. Halmos, 1916—2006）交流过，他告诉我你们数学系正要进人。我很乐意推荐华罗庚教授，他刚在高等研究院访问两年，并在普林斯顿（大学）讲授了数论

---

① 维诺格拉多夫，苏联数学家，专长解析数论，曾协助华罗庚出版《堆垒素数论》，生前长期担任斯捷克洛夫数学研究所的所长。
② 维布伦，美国几何学家，普林斯顿高等研究院最早的几位成员，曾担任美国数学会会长。

课，这门课研究生学得很好，华罗庚因此感到他也可以在美国开本科生课程。他在中国有大量的教学经验。

华罗庚是一个有魅力的人，并且毫无疑问是中国最优秀的两位数学家之一，另一位是此前几年在高等研究院访问的陈省身，他现在在上海负责中央研究院数学研究所。"

在外尔与维布伦的推荐下，芝加哥大学、伊利诺伊大学、威斯康星大学、哈佛大学等向华罗庚发出了邀请，最后华罗庚选择了伊利诺伊大学，他被聘为访问正教授。中华人民共和国成立以后，带着发展中国数学的强烈愿望，华罗庚毅然于 1950 年 3 月回国，这时他已成为国内首屈一指的数学家。国家的统一、学术地位的大幅上升，使得华罗庚具备了承担发展中国数学重任的内外部条件。

1949 年 11 月，中国科学院成立。由于中央研究院数学所搬到台湾，故中科院决定新建数学研究所。1950 年 6 月，政务院批准正式成立数学所筹备处，1951 年 1 月华罗庚被政务院任命为所长。1951 年 8 月，中国数学会第一次全国代表大会在北京召开，华罗庚又当选为理事长，迎来了实现发展中国数学伟大抱负的机会。

在中国数学会第一次全国代表大会的议程中有三个座谈会，其中之一即理论联系实际。这次会议还形成了决议案，在"其他"栏目提出了数学工作者应重视应用数学（乙）、请本会向政府建议筹组制造"计算器"机构（丙）、由理事会与联络及各业务部门取得联系，俾能随时得到与数学有关的待解决的问题（丁）[95]。这些决议的形成极有可能与华罗庚有很大的关系。

与此同时，华罗庚还积极负责中科院数学所的筹备。在 1952 年 7 月数学所正式成立前夕，华罗庚在数学所的工作报告中，就中国数学的过去与现状，以及数学所的奋斗目标、办所方针、研究方向、人才培养问题提出了系统意见，这份报告可以说是华罗庚自 40 年代就开始思考的进一步总结，绘就了中国数学发展的蓝图[96]。华罗庚确定了基础数学、应用数学与计算数学三大方向，并在全面工作方针的报告中特别指出了计算数学的任务：

"计算数学是一门在中国被忽视了的科学，但它在整个科学中的地位是不可少的，它是为其他各部门需要冗长计算的科学尽服务功能的一门学问。为了帮助科学中其他部门的发展，我们必须想尽方法来培养和发展它。我们希望在三五年内能有计算数学所需要配备的各种机器，能有善于操纵了解其结构的人才。"[97]

开展计算数学的研究，一个必要的条件是拥有电子计算机。数学所在建所伊始就成立了电子计算机科研组，这是华罗庚特意组建的，最初的三位成员为闵乃大、夏培肃与王传英。时值1952年全国高等院校调整，清华大学电讯网络研究室处于撤销的行列。利用这个机会，华罗庚邀请闵乃大等人到新成立的数学研究所从事电子计算机的研制工作。

闵乃大，1936年毕业于清华大学电机系，后在德国留学和工作十余年，他电讯专业造诣深厚，数学方面也有专长，还有实验室经验。回国后闵乃大出任清华大学电机系电讯网络研究室的主任，夏培肃和王传英是该研究室的科研人员。夏培肃，1945年毕业于中央大学电机系，1950年获英国爱丁堡大学博士学位，次年回国。王传英，1950年毕业于清华大学电机系，是闵乃大的助手。

对于华罗庚的邀请，闵乃大由于要撰写一本电讯网络方面的专著，起初是有些犹豫的。经与夏培肃、王传英商量，后两人均表示愿意参与电子计算机的研究工作。闵乃大经过认真的考虑，决定到数学所用部分时间研究电子计算机，同时撰写电讯网络的专著。1952年夏天的一个晚上①，闵乃大、夏培肃与王传英到清华园拜会华罗庚。据夏培肃回忆：

> "华先生客厅里的沙发、茶几和桌子上全是翻开的书和期刊，我觉得华先生是个做学问的人。后来就坐下来聊，他问我们的学历和经历，愿不愿意搞计算机？我当然很愿意，因为我在英国的时候，已经对计算机有所了解了，知道是一门很有前景的学科。我们国家要搞的话，我特别愿意搞。所以我当时就表示愿意到华先生手下研制电子计算机，工作就是这么开始的。[98]"

1953年1月，闵乃大、夏培肃与王传英转入数学所组建了电子计算机科研小组。1954年3月，科研小组由闵乃大执笔，写出了关于开展电子计算机研究的初

---

① 夏培肃回忆是秋天，但据《溯源中国计算机》作者徐祖哲考证和推测为6月末或7月初，见徐祖哲《溯源中国计算机》第16页。

步设想和规划。小组后来又增加了成员吴几康与王庭梁，他们分析消化了电子计算机的资料，做了一些基本电路实验。1954 年 6 月，闵乃大还应中国数学会天津分会邀请，到南开大学作了"近似数运算误差分析"的报告。

电子计算机科研小组主要是华罗庚自己组建的部门，最初仅限于数学所内部。在数学所开展电子线路的实验非常困难，相关方面的图书资料也非常缺乏，但电子计算机科研小组仍搜集和研读了不少资料。为了发展计算机与计算数学，华罗庚不断在科学院与数学界的一些会议上进行呼吁。从 1953 年开始，华罗庚的提议开始得到科学院的重视与数学界的响应。

3.1.2 全面学习苏联数学

当时中华人民共和国实行的是"一边倒"的外交政策，因此学术交流的主要对象是社会主义国家特别是苏联。苏联科学具有优良的传统与成就，中国科学界在 50 年代初开始全面学习苏联。为了考察苏联科学的发展，中国科学院在 1953 年 2 月向苏联派出了由钱三强任团长，成员包括华罗庚、赵九章等人在内的 26 人访苏代表团。经过三个月的调研，访苏代表团总结了苏联科学发展的经验[99]，主要为以下四点：

- 中心环节是培养干部
- 有目的地、有计划地、有重点地发展科学研究工作
- 各科学机构之间的明确分工与互相配合汇总为一个有机的整体
- 培养健康的学术风气

中国在 1950 年之前与苏联的数学交流并不多，几乎没有留学生到苏联学习数学，各大学收藏的苏联数学期刊与书籍也非常少。然而对于华罗庚而言，他早在 1935 年就开始追随苏联数学家维诺格拉多夫的工作，并与他保持着联系。1946 年，华罗庚又应苏联科学院的邀请访问过苏联，对苏联数学已有初步认识。此次访苏使他对苏联数学的认识更加全面与深刻。

在苏联期间，华罗庚与苏联的数学家进行了广泛的交流。例如，他曾与苏联数学家、力学家拉夫连季耶夫（M. A. Lavrent'ev, 1900—1980）谈到计算数学。拉夫连季耶夫在纯粹数学的复变函数、泛函分析领域有重要贡献，对应用数学也有深入研究。同时，拉夫连季耶夫还是苏联数值计算机构的负责人。华罗庚对拉夫连季耶夫、索伯列夫等苏联数学家这种同时注重纯粹数学与应用数学的现象感到十分惊讶和佩服，他在回国后的工作报告中写道：

"由于力学、物理学和技术科学的发展，向数学提出了很多问题，因而深湛的数学研究，便获得愈来愈重大的意义，数学的发展达到了更大的规模。为了解决各项实际问题所提出的日益复杂的计算，计算数学便成为发展中的重要方面。共产主义建设的要求使数学家们从事于混合型的偏微分方程的研究。现在比较发展的是微分方程、概率论、复变函数论、泛函数分析以及那些与力学、物理学和技术科学紧密联系着的部门。"[81]

华罗庚重点向国内数学界介绍了苏联数学的发展。苏联科学院斯捷克洛夫数学研究所共分为 10 个组：数论组、代数组、几何学及拓扑学组、函数论组、函数构造论组、微分方程组、概率论及数理统计组、理论物理学组、力学组与计算数学组。大学方面主要是莫斯科大学与列宁格勒大学，以莫斯科大学力学数学系为例，其数学专业也设有 10 个教研室：数学分析教研室、高等代数教研室、高等几何与拓扑学教研室、微分几何教研室、概率论教研室、数论教研室、微分方程教研室、函数论及泛函分析教研室、数学科学史教研室与计算数学教研室[100]。

华罗庚对苏联数学的一大印象是全面，几乎涵盖数学的所有领域，并且重点突出，注重数学的统一性与应用性。特别是对于新兴的学科，比如计算数学，苏联会派一些年轻学者去专门研究。索伯列夫原是斯捷克洛夫数学研究所微分方程组的负责人，他从 1952 年开始带领一批人转入计算数学方向，负责莫斯科大学计算数学教研室的业务工作。华罗庚特别指出：

"基于苏联科学和工程的高度发展，计算数学的需要也就与日俱增，因此这就成为苏联数学发展的生长点，但是苏联并没有把计算数学看成孤立的学问，而是把它看成各部门中都应当注意的问题。例如搞代数的部门就要注意代数计算的问题，使联立方程的解法和代数方程的解法简单化；而搞微分方程的部门就要注意到微分方程的解如何实际算出的问题……"[100]

苏联在制定数学发展计划时首先根据国民经济建设的需要，同时以本门科学

中国计算数学的初创

发展的必要性为基础，来找出每门科学发展的"生长点"。华罗庚特别指出在数学领域，计算数学就是一个"生长点"。实际上，华罗庚在苏联期间已经搜集了莫斯科大学计算数学教研室的教学大纲、教学计划、研究规划等材料，回国后将它们提供给了北京大学数学力学系等单位[92]1307。

　　1953 年 7 月，中国科学院访苏代表团召开专科座谈会，华罗庚在数学组座谈会上提出，要重点发展微分方程、力学、复变函数、数理统计与计算数学，并将它们分配给各大学去发展，这样可以协助有计划地培养干部，引起了科学院和有关领导的注意[44]。同年 9 月，中国数学会在北京召开了新中国成立后第一次规模庞大的学术讨论会。华罗庚在开幕式上指出经过常务理事会的分析，初步认为分析学是数学中的主流，决定以分析学中的复整数函数论、微分方程与泛函分析作为会议的主题[101]。这些学科与计算数学的关系十分密切，如微分方程数值解是计算数学最主要的研究内容，而泛函分析则为计算数学提供了许多新的算法。显然，华罗庚在科学院座谈会上提出的建议和在数学会常务理事会上所做的分析，与他回国后提交的那篇访苏报告在内容上是一致的。

　　在这里对比一下中央研究院数学所建所初期的发展规划是非常有意思的。1947 年 7 月，在经过多年的筹备之后，中央研究院数学所正式成立，由陈省身代理所长，他选择代数拓扑作为基础科目训练新人。据华罗庚的说法，中央研究院数学所在即将成立时曾请教过美国的权威学者①，这位权威学者的建议是：

> "中国数学的发展最好是找一个和旁的科学关系比较少
> 的、容易发展的部门，集中所有力量研究、发展，这样就十分
> 容易地在世界上占有地位。把培养好的青年送到我们普林斯
> 顿高等研究所来深造。你们的研究所可以看作是我们在远东
> 的分所。"[102]

华罗庚认为这个建议忽视了数学中的其他学科，对于应用数学更是置之不顾，在某种程度上阻碍了中国数学的全面发展。而在访问苏联期间，维诺格拉多夫对华罗庚讲道：

> "有些青年数学家喜欢研究抽象代数、拓扑和实变数函数

---

① 华罗庚并未指出这名权威学者是谁，然根据上下文推测，此人是普林斯顿高等研究院的一员，推测可能是维布伦或者外尔。

论，而不喜欢研究复变数函数论、微分方程论等。但是做数学领导工作的人有责任说服他们，让他们走到和祖国的建设有着实际联系的部门。在一个研究所里，如果只有拓扑而没有微分方程，很不好。如果只有微分方程而没有拓扑学倒还可以。祖国需要什么，我们就要把什么来作为我们的重点。"[102]

当然，美国的权威学者和苏联数学家维诺格拉多夫的看法各有其道理，但这足以显示出马克思主义意识形态下的苏联数学与多元意识形态下的美国数学的区别，以及中华人民共和国成立初期全面学习苏联数学的情形。

1953 年 10 月 14 日至 17 日，中国科学院召开数学物理组所长会议，讨论数学所的科研计划，华罗庚认为计算数学是迫切需要发展而又薄弱的环节，提出数学所分为 8 个小组的建议：数论组、代数组、函数论组、微分方程组、几何及拓扑组、概率论与数理统计组、力学组与计算数学组，在部门设置上基本沿袭了苏联科学院斯捷克洛夫数学研究所的分组，这是中国数学界全面学习苏联数学的一个明显的标志。

除了向中科院提出建议外，华罗庚还积极向数学界发出倡导。1954 年，华罗庚发表《对于展开数学研究工作的意见》，号召全国的数学工作者为社会主义工业化服务，他以微分方程、计算数学为例作了介绍：

"一般我们在提出研究的题目时，一方面要注意理论本身，一方面要注意它的实际意义。特别在研究微分方程时不仅要注意解的存在的一般证明，而且要找出具体的解法，即是能施行计算的解法……至于在实际工程上、军事技术上所遇到的问题中，求解方法不但要是理论上能施行的，而且是要在实践上尽可能快的。这就使得计算数学成为重要的一门分支。"[103]

接着华罗庚以解联立一次代数方程组为例进行了讲解，虽然理论上利用克拉默法则很容易就给出解，然而实际在解一个含有 26 个未知数的方程组时，即便使用快速电子计算机来计算这些加法与乘法也要 10^{17} 年，因而在实践上是不可能的。进行计算不仅需要电子计算机，也需要研究种种快速并可估计误差值的近似方法。此外，他还提出计算数学与函数论、函数构造论、泛函分析等学科密不可分，是一个有机的整体，并列举了苏联学者在这方面取得的一些成就。

全面学习苏联数学的优点与缺点都很明显[104]。但无可否认的是，不管主观上是否愿意，中国科学院与数学界已开始将注意力集中在与实际应用联系较多的数学分支，微分方程与计算数学等学科开始得到重视。在大力发展纯粹数学的同时，这种认识上的转变对数学在中国的全面发展是有利的。然而不幸的是，后来中国曾一度出现了完全否定纯粹数学的现象，这就大错特错了。

3.1.3 数学所计算数学小组

中国科学院在 1953 年 10 月召开的所长会议产生了重要的影响。物理研究所的钱三强所长认为，电子计算机过去的计划不小，需要很多器材和人力，现计划应从最简单的开始，结合各部门的需要逐步发展。副院长吴有训在总结时说道："要结合计算机的研究发展计算数学，培养计算数学人才；电子计算机实验部分在物理所电子学组进行，搞成后仍归数学所。" [44]

基于这种设想，计算数学的研究被列入了中国科学院 1954 年的研究计划，研究单位为数学所，合作单位为物理所。按照会议精神，计算机实验部分要转入物理研究所。为了使为数不多的电子方面的人员集中，中国科学院决定将全院的电子学人员集中到物理所。数学所计算机科研小组除闵乃大以外，其余全部于 1954 年 1 月调入物理所电子学组。

计算机科研小组调走以后，华罗庚又在数学所成立了第 8 小组：计算数学小组（编号 801），这是中国第一个以计算数学命名的研究室。新的计算数学小组仍以闵乃大为负责人，他在过去一年的工作主要集中在电讯网络方面。数学所在组建计算数学小组时即定下了最终目标：建立国内计算数学推动基地，将来配合电子计算机的应用。计算数学小组成立初期的工作项目有 5 项[105]：

- 整理并掌握现能收集到的有关计算数学文献及内容以备将来深入工作（查文献的摘要排成卡片，分类确定难易和轻重之分，希望李开德可以协助）

- 将过去所学到的计算数学，作一有系统的整理并按步学习未接触过的材料中之一部（除了基础计算数学的书籍文献以外，阅读有关微分方程式的数字计算的文献及书籍，例如考拉兹的《微分方程的数值计算处理》(*Numerische Behandlung von Differentialgle-ichungen*))

- 做一些可能为了将来研究解决"数字计算中的误差问题"的一些理论准备(现在大概是用概率论来处理,但也有数论方向的,拟先准备一次数论的基础)

- 研究有关电子计算机直接所需用的数学(开《电子计算与控制电路综合》(*Synthesis of Electronic Computing and Control Circuit*)、布尔代数及香农(Shannon)有关的开关函数)

- 结束军委会托做的工作之主要部分(做 $l=9, 8, 6, 4$ 各一曲线,需要王传英、李开德协助)

总体来看,计算数学小组在 1954 年的工作主要是整理计算数学方面的文献,为下一步开展讨论班做准备。为了详细了解计算数学的发展,特别是苏联在这方面取得的成就,数学所还组织翻译了《三十年来的苏联数学(1917—1947):近似方法》[106]。该书共分为 8 章,对代数、微分方程、积分方程、泛函方程的近似解法、数值积分法、数值内差法、有限差分法、保角变换进行了介绍。

1955 年 6 月,中国科学院学部成立,吴有训出任物理学数学化学部主任,华罗庚等担任副主任。数学所提出优先发展和国家生产建设即对其他科学发展有密切关系的三个部门——计算数学、微分方程、概率论与数理统计,这一建议被纳入到《第二个五年计划时期中国科学院物理学数学化学部关于研究工作发展的初步意见》(简称《初步意见》)。《初步意见》特别指出电子计算机的发明使得计算数学诞生并论述了其重要性:

> "由于这种快速运算机器的出现解决了数学上许多巨大的计算问题,这种计算机很成功地用于解决数学上的问题以及物理学、应用数学、力学、化学、统计学和气象、天文等方面的问题,许多原子核物理学的问题以及空气动力学、天气预报等问题缺少这种计算机,一般都是很难解决的。因此我们在第二个五年计划内建立计算数学研究室,应用电子计算机来解决上述有关问题以及工业部门中有关计算问题,并进一

步开展计算数学的研究工作。"[81]

根据科学院的指示，数学所调整了研究分组：力学研究室、微分方程研究组（泛函分析部门在内）、代数及数论组、计算数学小组、概率论与数理统计小组、几何拓扑小组、多复变数函数论小组、数理逻辑小组。华罗庚特别注重计算数学小组的成长，计算数学小组原有 2 个进人指标，但为了发展计算数学，他暂缓了自己负责的多复变函数论与数论小组人员的增加[107]。1955 年，计算数学小组分配到 6 名数学系毕业的大学生，他们是：石钟慈、王树林、徐国荣、崔蕴中、黄启晋和甄学礼。石钟慈后成为著名的计算数学专家，1991 年当选为中国科学院学部委员。他回忆道：

> "从复旦毕业后，我于当年 9 月持派遣证到中科院数学所报到。当时数学所还在清华园内，我的宿舍则位于中关村的一座楼房，距离并不远。数学所的负责人是华罗庚先生，他逐个与我们这些新人进行了谈话。我在复旦的毕业论文是关于单叶函数的，所以认为自己最有可能跟随华先生学习函数论。在数学所最先遇到的是王元和龚昇，我在浙大和复旦时便已和他们认识。龚昇见到我后非常高兴，说我可以和他一起研究单叶函数。过了一段时间后，国家开始酝酿第一个科技规划，华先生便找我们谈话要我们改学计算数学。数学所为此成立了计算数学小组，主要成员由我们这些刚分配来的大学毕业生组成，大约有七八个人。"①

为了训练这些新加入的研究实习员，计算数学小组制定了详细的培养计划[108]。首先做准备工作：指定实习员们学习一本苏联教材《近似计算》（*Approximate Calculation*）。通过采用俄文本与汉译本对照阅读，可以使实习员们同时学习计算数学的基础知识与俄语。为了更好地利用将来跟随苏联专家学习的机会，对实习员们的要求已不只阅读，而是延伸到听讲甚至会话。因此学习语言成了亟待解决的问题。据石钟慈回忆，数论组许孔时②的爱人是学外语的，曾教过他俄语。冯康

---

① 见附录对石钟慈院士的访谈。
② 许孔时（1930—2021），计算机软件学家，曾任中国科学院计算技术研究所副所长，中国科学院软件研究所所长。

曾留学苏联，他的俄语极好，业余时间教过石钟慈。指定他们整理计算数学的文献并编制卡片，培养查阅文献的能力，使他们对计算数学有一个轮廓认识。同时尝试购买一些仪器（积分仪、求面积仪等），锻炼他们使用仪器的能力。最后由闵乃大与关肇直负责筹备讨论班，计划每周举行一次。指定他们按照维勒斯的《实用分析方法》（*Methoden der praktischen Analysis*）的内容，结合近年来文献，分专题做深入系统的练习。

鉴于全国的计算数学研究人员普遍较少，数学所计算数学小组从 1955 年暑假之后，与北京大学、清华大学建立了合作关系，组织了长期性的讨论班（大讨论班），除三单位共十余人经常参加作为骨干外，还有各专门学院的教师来听讲，最多时可达六七十人。这一合作的讨论班推定赵访熊、徐献瑜、闵乃大、关肇直组成领导核心，由吴文达任秘书。此外，计算数学小组自己还组织有近似计算法的讨论班（小讨论班），由研究实习员们轮流报告。物理所计算机方面的夏培肃（副研究员）曾带领研究实习员共 9 人来听课[109]。华罗庚对这个讨论班十分关注，也来参加并亲自主持。石钟慈回忆道：

> "当时，华罗庚先生亲自主持计算数学讨论班，并多次鼓励我好好学习计算数学。华先生研究数论、代数和复变函数，但计算数学并未研究过。但他知道国家需要，所以亲自主持这个讨论班。我们这一批大学毕业生共有六七个，分别来自北京大学、南开大学、复旦大学。在华先生的指导下，我们读翻译的计算方法之类的书，内容有方程求根、多项式、线性方程组的解等等。华先生很厉害，这些东西他以前没有接触过，从头开始看，搞了半年。所以华先生是中国计算数学早期的主要带头人之一。"[48]

华罗庚不仅积极鼓励所内的实习研究员学习计算数学，还建议外单位的年轻人改学计算数学。1955 年，苏煜城受江苏师范学院委派到北京学习俄语，以备下一步到苏联攻读研究生，方向是函数论。在北京期间，苏煜城与兰州大学的唐珍大胆地拜访了华罗庚，华罗庚力荐他们学习计算数学，二人到苏联后改学计算数学，回国后成为各自单位发展计算数学的重要力量。

自 1950 年回国特别是 1951 年担任中国科学院数学所的所长以后，华罗庚对计算数学在中国的发展进行了不遗余力的推动。他首先在数学所组织了中国第一个电子计算机科研小组。在全面学习苏联数学的背景下，他提出的发展计算数学的建议得到了中国科学院的大力支持，以及中国数学界的广泛认同。1954 年计算机科研小组调入物理所后，华罗庚又在数学所内组建了计算数学小组。数学所先后成立的计算机科研小组与计算数学小组，为计算数学专门研究机构的建立奠定了初步基础。

3.2　计算数学列入中国科学院与国家规划

中华人民共和国成立以后，经过巩固和重建，国民经济得到了恢复和发展。从 1953 年开始，中国进入社会主义改造和全面开展社会主义建设的新时期。中共中央制定了社会主义过渡时期的总路线，根据总路线的要求，中国开始执行发展国民经济的第一个五年计划（1953—1957）。在第一个五年计划顺利开展的同时，为了配合国家建设，全国性的科技规划也开始提上日程。从 1955 年开始，中国科学院相继制定了十五年发展远景计划和十二年科学研究事业规划。这两项规划实质上已经超出了中国科学院的范围而辐射到全国。1956 年，全国性的科技规划大规模地开展起来。正是在这一系列的规划中，计算数学在中国迎来了建制化的重大契机。

3.2.1　中国科学院两个长期规划的制定

早在 1953 年做的五年计划中，中科院数学所就提到"数学基础、数学史、计算数学、计算机等部门本所也应注意考虑其发展的问题"[110]。在中国科学院诸学部成立以后，计算数学被列为物理学数学化学部第二个五年计划的重要发展方向（见 3.1.3 节）。正是在这些规划的指导下，数学所成立了计算数学小组，并开始做研究计算数学的准备工作，但面临的困难很大。

华罗庚在 1954 年时即提到高等院校有很多数学工作者，他们是新生力量的主要来源，因此高等院校的数学系便成为数学所进行合作的主要对象。为了与大学的合作进一步具体化，他建议与各综合性大学在研究方向与培养人才方面的分工合作进行详细磋商，制定出具体方案。华罗庚特别指出，合作的顺利实现只有在科学院、高等教育部和教育部的支持下才有可能[103]。

1955 年 1 月，中国科学院在苏联顾问柯夫达（V. A. Kovda）的建议下，决定制定科学发展计划。同年 10 月，中国科学院发布关于制定全院十五年发展远景计划的指示[111]。这项规划虽名曰科学院规划,但却超出了科学院的范围,联合了高等学校等很多机构。数学所在 10 月 26 日开始讨论,参加者主要是中科院数学所与北京大学数学力学系的数学工作者,并向全国各地的数学家发出一大批信,得到回信 18 封。经过热烈的讨论,中国数学家们明确了计算数学与计算机的关系,意识到计算机与数学相关,也与自动控制、工程技术有关。如不考虑计算机设计上的工程技术问题,有关计算数学的主要内容如下:

"(六)计算数学 计算数学的由来也是长久的,但是在近十多年来它有巨大发展,这个情形的出现是因为数学一般性或抽象的理论的大量发展和在现实生活中产生的对于数学问题的具体的数值解决(一般是近似的)的迫切需要,因为一般性或抽象的解答对实际没有什么直接作用……过去我国计算数学几乎毫无基础,近一二年才逐渐受到重视。在数学研究所、北京大学数学力学系及清华大学数学教研组合作之下开始计算数学的工作,包括开设讨论班,开设专门化课程及制造和使用计算机。期望能在北京大学几年内设立计算数学专业,在北京培养一批计算数学人才。

……

计算数学领域内除计算机学外应注意:

- 代数中的数值方法,求代数方程的实根或复根,求一次代数方程组的解,求方阵的固有值,求方阵的逆
- 数值插值法,数值积分
- 微分方程的数值方法,特别是变分方法,差分方法
- 积分方程的数值解法
- 保角映射
- 泛函分析在实用上的应用
- 误差论

中国计算数学的初创

- 数理逻辑在计算机理论与制造方面的应用
- 计算机的"安排程序"的问题

应与北京大学、清华大学合作建立实验室，设备无妨由简而繁。除一些较小的数学仪器外，可考虑设置一些不太大的计算机以作培养干部之用，办法待定。为了适应国家建设需要，势必于第二个五年计划之内设立一个接受计算任务的计算中心。这一计算中心应有一些计算机，要有大量的工作人员，其中包括为数较多的计算员……" [112]

从规划的具体内容来看，这份规划对计算数学的发展定位是比较清楚的，还注意到诸多单位的合作问题，特别是提到数学所与北京大学、清华大学的合作。这主要是因为数学所虽然成立了计算数学小组，然而由于高等院校尚未开办计算数学专业，因此新加入的研究实习员均没有计算数学背景，计算数学小组只得带领这些年轻人开展初步的学习，不能立刻投入到研究工作当中。因此，该规划特别希望北京大学在几年内开设计算数学专业。

为了进一步培养计算数学人才，规划认为急需在北京建立实验室，先利用苏联展览过的三台机器（打孔计算机、解常微分方程的模拟计算机、解椭圆型偏微分方程的计算机）①。通过收集一些来自实际的问题（如地球物理所提出的气候预报的计算问题）来训练人才。虽然这些问题不能马上得到解决，但年轻人员在这个过程中可以得到极大的锻炼。

规划认为计算数学的研究部门应长期隶属数学所，计算机的研制可与计算数学密切配合，必要时仍可划归数学所或可与自动控制研究所共用建所。为了解决国家的计算任务，在第二个五年计划中需要建立计算中心，这一部门既可以隶属数学所，也可以直属院部（如苏联和罗马尼亚），但与研究不宜分开，其中部分人员特别是负责人必须是数学家，如此才能一方面解决实际问题（如美国与苏联），另一方面提高到理论层面进行科学研究。

1956 年 1 月，为了制定十二年全国科学发展规划工作，中国科学院决定先行制定出本部门十二年科学事业规划。数学所在之前制定十五年发展远景计划的基

---

① 1954 年 10 月 2 日"苏联经济及文化建设成就展览会"在新建成的苏联展览馆开幕。电子计算机第一次在中国出现：一种是解线性常微分方程组的电子积分机，另一种是解偏微分方程的计算机，还有一种卡片式分析计算机，前两种是模拟计算机，后一种是数字计算机。

础上，结合 1 月份外地数学家因其他业务来京的机会，又邀请了更多的人参加讨论，前后共召开了 3 次会议，反复进行了综合和分组的讨论，形成了初步意见。在这次规划中计算数学仍位于第 6 部分，与之前的规划内容相差不大，只是将原来应注意的 9 个方面综合为 5 个[113]：

- 代数中的数值方法（求代数方程的实根或复根，求一次代数方程组的解，求方阵的固有值，求方阵的逆等）
- 数理方程的数值计算问题（特别是解微分方程的变分方法、差分方法）
- 误差问题
- 计算机的程序问题
- 诺模图学①

数学所关于发展计算数学的规划，最终都被列入中国科学院的两个长期规划当中。1955 年的规划被纳入到物理数学方面规划的第 5 项"发展微分方程、数理统计、计算数学，开始计算机的研究，保证其在各项工作中的充分运用。在上述基础上建立全国计算中心，解决各门科学和工程技术上的各种复杂计算问题。同时保证数学中各门学科的合理发展"。1956 年的规划被列入物理学数学化学部 13 个关键性的问题中的第 5 个（计算数学与统计数学），并被列入全院 53 个重大科学研究项目当中，位列第 4（数值计算和数理统计问题）[114]。

3.2.2 《十二年科技规划》中的计算技术

在中国科学院制定十二年科学研究事业规划的同时，全国性的科学规划也开始提上日程。1956 年 1 月 14 日，周恩来总理在中共中央召开的关于知识分子问题会议上，提出"向科学进军"，建议由国家计委负责，会同有关部门制定《一九五六年至一九六七年科学技术发展远景规划》（即《十二年科技规划》）。这是我国编制的第一个全国性的科学技术发展规划，由周恩来总理亲自挂帅来领导这项工作，中央的重视程度可见一斑。

1956 年 2 月 24 日，中央批准成立国务院科学规划委员会，陈毅为主任，郭沫若、李四光、薄一波、李富春为副主任，张劲夫为秘书长。经过讨论，规划制

---

① 诺模图又称算图，是一种图解的辅助计算工具，它使用方便而且常可用于同类问题的解算，并能减少发生错误的可能性。

定的原则是"以任务为经，以学科为维，以任务带学科"，既从 13 个方面列出了 57 项重大科学技术任务，又从学科的角度对基础科学做了规划，体现出理论与实践结合的指导思想[115]。

由于计算数学与计算机有着密切的关系，在此前中国科学院制定的两个长期规划当中，两者常合在一起或者并列。在《十二年科技规划》的制定过程中，鉴于计算机与计算数学在国家建设特别是在建立原子能技术方面的重要作用，规划委员会以计算技术将二者统一起来。但由于计算数学同时是数学的一个分支，因此也出现在基础科学（数学）的规划之中。

1956 年 2 月，关肇直在《科学通报》发表了《关于制定科学工作远景计划的意见——发展我国的计算数学》一文，指出计算数学是数学整体的一个不可分割的部分，他从泛函分析、函数逼近论与数理逻辑三个方面说明了它们与计算数学的关联。此外，他特别提及计算数学与计算技术的区别：

> "这里谈的是计算数学，不能把计算数学与和它紧密联系的计算技术研究混淆起来，因为计算技术不单纯是数学家的研究对象，而应是数学家与工程技术专家等共同研究的对象。这点必须附带说明。"[116]

可以说，关肇直较为清楚地阐明了计算数学与计算技术的关系。

关肇直，1919 年出生于天津，1936 年考入清华大学土木工程系。一年后因病休学，后转入燕京大学读数学系，1941 年毕业后留校任教。1947 年，关肇直到法国留学，跟随泛函分析的大家弗雷歇（M. Fréchet, 1878—1973）学习泛函分析，成为我国泛函分析的奠基人之一。中华人民共和国成立后，关肇直立刻回国，协助郭沫若筹建中国科学院，他的组织才能得到了充分的发挥，先后负责筹建了中国科学院图书馆与数学所泛函分析研究室。50 年代中期，关肇直带领青年人员开展非线性泛函分析的近似方法的研究。他坚持理论联系实际的原则，是一位对应用数学颇为重视的数学家。

当时人们已经开始知道计算机的重要性，但对计算数学的认识仍有局限性。钱学森当时回国不久，刚刚受命组建了中国科学院力学研究所。作为一名力学专家、《十二年科技规划》综合组的组长之一，钱学森深知计算数学的重要性，他曾以水轮机的设计为例表示了发展计算数学的紧迫性：

> "过去数学家所能研究的是线性方程，而实际问题中所遇

到的却是非线性方程，只好采用线性近似的方法，这就丢失了原来方程式中所包含的许多特点。有了计算机之后，就可以用数值方法来求解非线性方程，当然也因此提出了发展计算数学的种种理论问题。"[117]

计算技术的规划始于 1956 年 3 月，当月苏联召开了"苏联数学机械与数学仪器制造发展的途径"会议，此前苏联科学院曾致函中方，索伯列夫也曾单独致函华罗庚，请求中方派人参会。中国科学院组织了以闵乃大为组长，胡世华为副组长，成员包括吴几康、张效祥在内的代表团，北京大学的徐献瑜与林建祥稍后也加入这一代表团。他们到苏联一方面是参会，另一方面也肩负着为计算技术规划做准备的任务。

在苏联期间，代表团参观了苏联的电子计算机，搜集了情报资料，听取了苏联专家的建议。他们建议中国尽快建立计算技术研究的机构，大力培养干部，这方面苏联可以协助，注意和电子计算机相关的工业发展。这次参会和访问使得中方增加了对计算技术的感性认识，了解到苏联在计算技术方面的组织机构，以及数学工作者如何与工程师相互配合的经验[44]。

1956 年 4 月至 6 月，规划组的成员开始具体制定计算技术的规划。这些成员主要由数学家、计算机专家和电子工业部门的专家组成，他们是：华罗庚、陈建功、苏步青、段学复、江泽涵、王湘浩、关肇直、吴新谋、李国平、徐献瑜、曾远荣、胡世华、张钰哲、郑曾同、孙克定、闵乃大、吴几康、范新弼、蒋士骕、周寿宪、张效祥、刘锡刚、黄纬禄、严养田、温启祥、夏培肃。在规划组成员中，华罗庚为组长，数学家约占了一半。

在规划过程中，苏联专家潘诺夫（Y. M. Panov, 1904—1975）提出了很多有益的建议，潘诺夫时任苏联科学院情报研究所的所长兼精密机械和计算技术研究所副所长。然而在规划计算技术如何起步、如何发展的问题时，规划组成员的意见分歧是比较大的。有些人主张把主要的技术力量先送到苏联去培养，以后和苏联的计算机一起回来。关于怎样开展国内工作，有人主张由多个单位（主要是大学）同时来做。

最终，规划组采用了华罗庚组长提出的"先集中，后分散"，立足自身发展计算技术的指导原则。这个原则是符合我国的实际情况的，一方面保证了初期能够聚集起足够的研究力量，另一方面则强调保证自身的独立性。虽然计算技术规划

中国计算数学的初创

将电子计算机与计算数学合在一起,但研制电子计算机的难度很大,因此主要工作量在计算机方面。中科院数学所此前曾做过两次关于数学的长期发展规划,数学家们在计算数学部分的规划方面是比较成熟的。

由于本书是关于计算数学在中国的创建,因此我们主要来看一下这个规划是如何论述计算数学的。规划组首先就国内计算数学的情况进行了一次摸底:

> "在计算数学方面,近年来虽已有些数学家注意,但主要偏重近似方法,而对程序设计方面还没有人掌握。在北京,中国科学院数学研究所有计算数学组,有高级研究人员2人,其中一位专长网络研究。又有1955年大学毕业的青年6人。北京大学数学力学系正在筹设计算数学专业,现开始向这方面注意的有教授1人,专长特殊函数,讲师2人,助教3人,研究生1人。清华大学数学教研组也以计算数学为主要方向,教研组主任在近似算法方面有过一些工作,有副教授以下十余人也注意这一方向。此外,东北人民大学和南京大学也各有教授带领一些青年教师在近似算法方面进行工作。"[118]

这里提到的数学所两位高级研究人员,专长网络研究的是闵乃大,另一位则是关肇直。因为计算数学小组成立之初由闵乃大、关肇直负责筹备讨论班。早在1955年12月,关肇直曾向学部与院党组提交了一份报告,题目是"关于发展计算数学目前情况和存在的问题",其中有部分上述人员的详细名单:

> "目前情况:过去我国计算数学几乎毫无基础,近一二年来才逐渐有人注意。数学所今年分配新从大学毕业的研究实习员3人,国务院委托培养的大学毕业生3人,连同原有研究员1人(闵乃大)、副研究员1人(关肇直)、技术人员1人(李开德),共九人,成立计算数学小组。北京大学已指定专人——包括徐献瑜(教授)、胡祖炽、吴文达(讲师)、杨芙清(研究生)及进修生1人共5人负责建立计算数学部门。目前他们自己组织讨论班进行工作,并负责北京大学数学力

学系的课程《数学实习》（即训练作计算）。清华大学在赵访熊
教授的领导下，数学教研组的教师按程度分两组学习计算数
学。清华设有为教学用的实验室，除算尺外，有调和分析仪等
简单仪器，他们仿制苏联的解椭圆型方程的模拟计算机成功，
准确度还不错。京外则由南京大学曾远荣教授（泛函分析的
专家）领导一批青年教师学习数学分析中的数值方法；东北
人民大学徐利治、江泽坚两位副教授领导有泛函分析与逼近
论和近似方法方面的应用的讨论班进行研究工作。华南工学
院卢文教授从事泛函分析在近似方法上的应用的研究；浙江
大学青年教师周先意学习变分方法……"[109]

鉴于国家对计算技术方面的需要如此迫切，而国内原有力量又很薄弱，因此必
须首先把一切力量集中使用，迅速建立计算技术这一科学部门，为了集中人员，"计
算技术规划"做了下列措施：

"（1）建立机构：把现在中国科学院数学研究所的计算数
学小组、物理研究所的计算机小组、北京大学数学力学系中
准备建立计算数学教研室的教师、清华大学无线电工程系有
关电子计算机部分的教师与数学教研组的部分教师，近一二
年来从美国回来的曾在计算机制造方面有过经验的人员集中
起来，作为基础力量，于 1956 年秋季在中国科学院内部建立
计算技术研究所筹备处，并准备于 1957 年，在国际合作帮助
下，正式建立计算技术研究所，所址设在北京。这样在筹备阶
段，应有工作人员 30 人。在正式建所应有工作人员 100 人。

（2）建立计算数学专业来培养干部。1956 年秋季，在北
京大学数学力学系中建立计算数学专业，每年招生 60 人；同
时在清华大学无线电系中建立计算机专业，开始时每年招收
30 人，2 年后（即自 1958 年起）每年招生 60 人。又 1956 年
秋季北京大学数学力学系的数学专业的第四年级学生 15 人

调计算数学专门化，清华大学无线电工程系第四年级学生 30
人调计算机专门化课程。在 1957 年，在北京以外的两个以上
的综合大学（例如南京大学、东北人民大学等）的数学系中也
设立计算数学专业，而在京外的 7 个工科高等学校（例如哈
尔滨工业大学、成都通讯学院等）设立计算机专业，每年各招
生 60 人。开始时，由集中在计算技术研究所筹备处的研究人
员分别担任北京大学计算数学专业与清华大学计算机专业的
教师。

（3）建立以一年为期的训练班，把在数学或工程技术方面
已有基础的工作者培养成计算技术方面的工作者。1956 年在
北京开设，以集中在计算技术研究所筹备处中的 30 人为基本
力量，另从各地特别是于 1957 年以后将设立计算数学或计算
机专业的高等学校选调一些年轻、有积极性、有才能的教师，
也从 1956 年夏季综合大学数学系和工科高等学校电子学、无
线电、电工与精密机械专业毕业的青年中选拔 30 人，参加这
一训练班……"[118]

可以认为，"计算技术规划"中关于计算数学部分的内容，完全可以看作是规
划组提出发展中国计算数学的纲领性文件。针对我国计算数学基础薄弱、研究人
员不足的情况，规划提出了切实可行的解决方案。在机构建设方面，规划拟成立
专门研究计算技术的机构，下设计算数学研究室，同时在部分高校中设立计算数
学专业。在人才培养方面，除了开展训练班以外，还有向苏联选派留学生以及邀
请苏联专家来华讲学两种方式。

经过几个月的辛苦劳动，计算技术的规划同其他科学分支的规划一样，顺利
地完成了制定工作。1956 年 6 月 14 日，毛泽东、周恩来、朱德、邓小平、陈云、
聂荣臻等党和国家领导人在中南海接见了参加制定《十二年科技规划》的科学家
们，并与科学家们合影留念。1956 年 12 月，中共中央批准了《一九五六年至一
九六七年科学技术发展远景规划纲要（修正草案）》（以下简称《纲要》)[119]，兹
将这份纲要中数学与计算技术部分列出：

计算技术的建立是《纲要》中第二节"一九五六——一九六七年国家重要科学

技术任务"中的一项，位列第41：

"本任务以电子计算机的设计制造与运用为主要内容。一二年内，首先着重于快速通用数字电子计算机的设计与制造，从中掌握各种电子计算机的基本技术与运用方法，以建立计算技术的基础。二三年内，开始掌握专用电子计算机的设计与制造，进而根据需要研究制造各种专用计算机。关于利用电子计算机进行自动翻译的工作，首先由语言学家与数学家协同研究翻译中字汇范围和文句结构，并编制运算程序，然后进行实际操作的研究。此外，有关计算技术的数学问题，如程序设计与计算方法等，也包括在本任务之内。"

数学是《纲要》中第四节"基础科学的发展方向"中的一项，位列第1：

"十二年内首先要尽快地把数学中一些重要、急需而且空白或薄弱的部门（包括计算数学、概率论与数理统计、微分方程论）大力发展起来。在配备人力、培养干部方面必须以这三个方面为重点。对于数学中一些基础理论部门，包括数论、代数、函数论、微分几何学、拓扑学等，我国原有较好的成绩，应当继续发展。

应用数学的范围牵涉极广，不仅应当把它作为数学家与其他科学家共同合作的领域，还要培养能把数学工具和实用问题结合起来的应用数学家。在这方面，计算数学、概率论与数理统计、微分方程论等部门负有较大的责任。计算数学主要应配合现代快速数字电子计算机来解决问题，因此产生了机器数学这一新方向；概率论与数理统计则应注意应用方面的新方向，如运用学、讯息论等。"

从中可以看出，计算技术的规划实际上还是更强调电子计算机，而基础科学中的数学规划反而对计算数学更加重视。但不管怎么说，计算数学在这一年被纳入国家规划中，迎来了发展的重大契机。

第4章
中国科学院计算技术研究所成立

中国科学院数学所成立以后，华罗庚先后在所内组建了电子计算机科研小组与计算数学小组。在数学所制定的发展规划中，计算数学被认为与纯粹数学几乎每一个分支都有联系，因此其建制应在数学所内，无单独建所的必要。上述看法从学科角度来看有其合理性，但1956年的《十二年科技规划》是以任务带学科，计算数学被纳入到计算技术中，因此其建制将并入新的机构。

1956年6月，中国科学院计算技术研究所筹备委员会成立，华罗庚被任命为主任。在筹备初期，华罗庚殚精竭虑，一如既往地投入到计算所的组建当中，特别是他详细考察了苏联的计算技术机构，动员数学所多位研究人员到计算所工作。然而由于复杂的原因，华罗庚在1957年以后不再负责计算所的筹备工作，也因此离开了计算数学的指导工作。尽管如此，华罗庚仍毫无疑问地是中国计算事业的主要奠基人。

计算技术研究所第三研究室（简称三室）为计算数学研究室，是专门从事计算的部门。在组建之初，三室集中了全国计算数学的优秀人才，开设了计算数学训练班，培训了一大批年轻人员。1957年，冯康调入三室，发展中国计算数学的重任逐渐从华罗庚转移到冯康身上。在冯康的带领下，三室带出了中国第一批从事科学与工程计算的研究人员，为祖国的经济建设与计算数学的发展做出了重大贡献，成为中国计算数学当之无愧的"国家队"。

4.1 华罗庚与计算技术研究所

4.1.1 对苏联计算技术研究机构的考察

计算技术的建立是国家《十二年科技规划》中的任务之一，但《十二年科技规划》中这样的任务共有57项之多。为了发展现代科学技术中具有关键作用的新学科领域，科学规划委员会特别提出了其中最重要的技术，这就是《发展计算技术、半导体技术、无线电电子学、自动学和远距离操纵技术的紧急措施方案》（以下简称"四项紧急措施")。"四项紧急措施"实施方案报到国务院后,周恩来总理亲自过问审议,立即批准。

按照计算技术的规划和"四项紧急措施"的指示,中国科学院迅速集中人员,成立了计算技术研究所筹备委员会。关于未来计算技术研究所所长的人选问题,计算技术规划组的成员也进行了讨论。据夏培肃回忆,她找了吴几康、范新弼、蒋士骦、周宪康商量,大家倾向于华罗庚,因为从国际上的情况来看,数学家对计算技术的发展起了很重要的作用,这个意见被上级采纳[120]。

1956 年 6 月 19 日,由中国科学院、总参三部、二机部、高等院校的计算技术方面的专家组成了计算技术研究所筹备委员会,以华罗庚为主任。由于新成立的计算所筹委会没有办公地点,周恩来总理亲自批示,从北京西苑大旅社拨出一幢楼给计算所筹委会使用。数学所原在清华大学内,随着人员逐渐增加,办公面积已不够使用,再加上华罗庚身兼计算所筹委会的负责人,所以数学所也搬到了西苑大旅社[121]。因此,数学所、计算所筹委会当年与其他单位往来的一些函件,很多都是以西苑大旅社的信纸来签发的。

作为数学所与计算所筹委会两个单位的负责人,如何处理数学所与计算所筹委会的关系就成了一个重要问题。而在此前 3 月份赴苏考察计算机的考察团中,华罗庚并不在列。同年 6 月 25 日至 7 月 4 日苏联召开第三届数学大会,华罗庚和关肇直等于 6 月 22 日赴莫斯科参会。在这次会议上,华罗庚作了《典型域上的调和分析》(函数论组)与《Tarry 问题》(数论组)的报告[122]。

会议期间,全体外宾参观了苏联科学院精密机械与计算技术研究所的快速电子数字计算机(BESM)。6 月 30 日,苏联科学院涅斯梅亚诺夫(A. N. Nesmeyanov, 1899—1980)院长接见了华罗庚,精密机械与计算技术研究所的所长列别捷夫(S. A. Lebedev, 1902—1974)与副所长潘诺夫作陪。7 月 5 日大会结束以后,华罗庚再度拜访了列别捷夫与潘诺夫,列别捷夫又亲自带华罗庚参观了 BESM,并回答了华罗庚提出的一些问题:

"(1)建立计算技术研究所主要在于干部、仪器与材料,除实验室外,须有实验工厂,其中一半是机械的,一半电机装配。

……

(3)关于所的内部组织,开始时只设两组,即工程组与数学组，人数则工程组占 70%，数学组占 30%，全所从事研究工作的总人数 20—30 人即可，在使用计算机之后，使用人数不在上列数字之内，而且数学部分人数应增多与工程组的比恰好，反过来成为 7 : 3，苏联的计算技术所，开始时亦只有数学组和工程组，数学组后来分出去成为独立机构，即计算中心，又分设理论组（研究计算方法）、程序设计组和使用组……计算中心独立后，所里又逐渐形成了一个数学小组，使用机器分四班，以使机器昼夜不停，每班有工程师 2—3 人，总共 10—12 人，数学家要有约 15 人（从事程序设计使用等）。辅助人员 30 人，包括打孔等中级工作人员。从发展看机器效率愈高，需要数学家愈多，所需要数学家是特殊的，要在作程序以外也要懂机器。

（4）关于干部培养，苏联数学系计算数学专业毕业后，训练半年就能了解机器，如果办训练班，主要就是学程序设计，学一点原理后，就能从事具体编作。机器结构也要懂一点……"[123]

7 月 7 日，在潘诺夫的介绍下，华罗庚又访问了苏联科学院计算中心。由于中心主任朵罗德尼钦（A. A. Dorodnitsyn, 1910—1994）院士不在，季特金（V. A. Ditkin, 1910—1987）教授向华罗庚介绍了计算中心的概况。计算中心的主要工作是解决各单位提出的具体问题，这些问题大部分来源于地图学、测量学方面，还有水利、渗透、自动控制、生产程序自动化、理论物理、气体力学、空气动力学、石油开采、油井控制等等。计算中心最近刚迁入新址，新建筑共约 4000 平方米，由于与数学学科关系密切，斯捷克洛夫数学研究所也将迁入。计算中心现有工作人员 300 人，其中数学家 60 人，工程师 60 人，中等人员（计算员、实验室人员）共 80 人，所有这些人分成 4 组：

- 理论研究室。主要研究代数一次方程组，着重增加敛速，迭代法多维偏微分方程的近似解法。对于最有兴趣的问题也作程序设计。
- 程序设计研究室。即使用机器的部分，对于不过分复杂问题，根据标准方法编制程序，这是用数学工作者最多的一组。

- 数学表与诺模图学研究室。从事数学表的编制及诺模图研究，作好的表出版。

- 通用计算组。即技术使用部分，从事机器修理、预防检查，以及为了更好地使用计算机，从事改进等技术方面的研究。

经过这次具体的考察，华罗庚对于苏联科学院精密机械与计算技术研究所和计算中心的概况有了初步的了解，对于数学所与这两个机构之间的关系有了较为清楚的认识。回国后，他全力投入到中科院计算所的组建当中。

4.1.2 离开计算技术研究所的筹备工作

为了尽快落实《十二年科技规划》与"四项紧急措施"所规定的各项任务，华罗庚将他的时间与精力主要花在了计算技术研究所的筹备工作上。关于计算技术研究所的办公场地问题，1956 年时借用了西苑大旅社 3 号楼，但作为独立的研究机构，还需尽快建立自己的大楼。为了使大楼早日建成，华罗庚颇费了一番工夫，亲自审查和比较了多种设计方案，最后采用的方案由他亲自拍板，对于大楼的施工也抓得很紧。大楼建成以后，计算所与数学所均搬入这所大楼办公，其中数学所占第 4 层与第 5 层东侧，其余楼层为计算所。

为了尽快培养计算技术人才，计算所筹委会组织了计算机与计算数学训练班。华罗庚亲自抓首届训练班的开学工作，首届学员共有 142 人。对训练班的教学工作和效果，他也十分关心。对于到苏联去的考察团、实习队、研究生和大学生，华罗庚会和他们谈话，积极鼓励他们。在华罗庚的领导下，计算技术研究所成立了研究室及其下属的研究组，开展了规划所规定的中心问题的研究，筹建了实验室和实验工厂，订购了器材设备和图书资料[124]。

华罗庚积极地为计算所搜集人才，亲自给国外的专家写信，邀请他们回国工作（见图 6）[125]。此外，华罗庚还在数学研究所动员搞纯粹数学的人改行，鼓励他们到计算所工作。在他的号召下，有多位数学所的研究人员来到计算所。到 1956 年 10 月时，计算所筹委会已集中了 110 多人，华罗庚很好地协调了各合作单位之间的关系以及各单位的人和人之间的关系，使计算所在筹备期间就成为一个团结奋进、热气腾腾的集体。

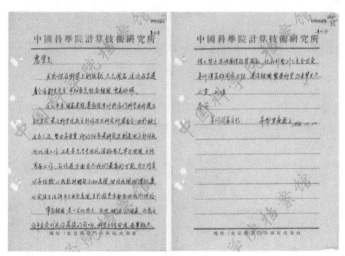

图 6 华罗庚邀请国外专家回国工作的信件（图片来源：中科院计算所档案室）

华罗庚对于计算技术研究所的筹建以及计算数学的发展非常投入与用心。1957 年 1 月，中国科学院科学奖金揭晓，华罗庚以"典型域上的多元复变函数论"的成果，与钱学森、吴文俊一起获得一等奖。评奖结果公布后，他感慨地写道：

> "我深深体会到，这次的奖励，并不是奖励我所从事的研究方向。在我国最迫切需要的数学部门还是薄弱和空白的时候，我们不能坦然不顾这种状况。当然，我并不是说函数论在数学中不占重要地位，也不是说多复变数函数论的发展我们没有看出了一些苗头；但是，在想到我国计算数学还在从无到有的草创阶段，概率论与数理统计的工作人数还远不足以适应国家需要，微分方程还在极艰苦地提高质量的时候，我们有责任希望青年们多多研究这些祖国最迫切需要的方面。不要以为我们所得奖的方向是祖国所最急需发展的方向。
>
> 我更体会到国家这次对我的奖励，不只是要求我搞好我个人的研究工作，祖国更需要的是新生力量的培养。我今后一定更加紧来培养青年们，使他们品质学识都优秀，并且成

为接近世界水平的科学工作者。我现在领导了三个组（数论组、代数组和多复变数函数论组），我希望在十二年内能够在每一组都出现达到世界水平的学者。并且希望这种学者不止是一个或两个。我现在也领导了计算技术研究所的筹备工作，我希望五年内在祖国出现一支不很小的计算数学的队伍。在党的领导下，在青年同志积极性空前高涨的情况下，这些工作都是极有信心的。"[126]

本来，华罗庚是可以对中国的计算机与计算数学的发展有更大贡献的。然而1957年反右派斗争开始以后，华罗庚因为参与向国务院提出关于科学体制改革的意见，险些被打成右派。虽然华罗庚积极认"错"，但仍被许多人认为是"漏网之鱼"，他的政治身份就此定型。由于复杂的原因，华罗庚在数学所被边缘化，至于到计算所筹委会发挥作用，更是不可能的事情了①。

1957年底，计算所筹委会开始由阎沛霖全面主持工作。在华罗庚主持前期工作的基础上，计算所筹委会于1958年成功研制出103电子计算机。1959年，计算所筹委会又成功研制出104电子计算机，并开始进行科学与工程的计算工作。1959年5月17日，经中国科学院第七次院务常务委员会讨论通过后，中国科学院计算技术研究所正式成立。

虽然华罗庚不再负责计算所的筹备任务，但他从20世纪40年代起即提议发展计算机与计算数学，建议设立专门的研究机构。中华人民共和国成立后，他又为计算技术在中国的创建做出了艰苦卓绝的努力。此外，华罗庚对于计算数学也有深入的研究，他与王元创造性地提出用实分圆域的独立单位系研究高维数值积分，在国际上被称为"华-王方法"。华罗庚的这些功绩，得到了中国科学界的一致认同，他无愧于中国计算事业的主要奠基人。

4.2　计算技术研究所计算数学研究室

4.2.1　第三研究室的组建

1957年2月，计算所筹委会成立了3个研究室、1个办公室和1个实验工厂。第一研究室为计算机整机研究室，主任为闵乃大，下设逻辑设计组、运算控

---

① 这只是笔者的猜测，具体原因尚待认真研究。

制组、外部设备组、电源组等。第二研究室为元件室，主任为王正，他是二机部第十研究所副所长，下设磁存储器组、半导体与电子元件组、结构设计组等，主要成员有范新弼、黄玉珩、蒋士騊等。

第三研究室为计算数学研究室，主任由北京大学徐献瑜担任，副主任为张克明，他原来是中国科学院顾问办公室主任。三室下设应用问题组、程序设计组与计算组等。为了尽快完成三室的组建，筹委会向高教部等单位发函[127]，请求商调研究人员事项，主要采取调入或合聘的方法。计算所筹委会共 14 人，其中计算数学方面的委员主要是徐献瑜与赵访熊。

在与高教部的商调函中，计算所筹委会与北京大学数学力学系合聘徐献瑜教授。对于清华大学的赵访熊，筹委会希望赵访熊不要出国，最好能调到计算所筹委会来工作。当时清华大学有一个到苏联进修的名额，由于种种原因，原本预定去的数学教研组的人选不能成行，最后决定派赵访熊去。清华大学鉴于学校将新成立一批与计算技术相关的专业，校领导经过考虑，建议赵访熊留在清华。所以赵访熊与徐献瑜一样，也是兼职。

与此同时，计算所筹委会还准备与北京大学、清华大学办理合作手续，与北京大学数学力学系计算数学教研室以及清华大学数学教研组的人员开展密切合作。档案还显示，计算所筹委会还曾有调关娴来搞计算数学的计划，关娴是关肇直的妹妹，早年毕业于辅仁大学数学系，曾在南开大学从事过与计算数学相关的工作，无奈笔者对关娴资料搜集的甚少，不知后来如何。

三室成立以后，按照计算技术规划的要求，首先将数学所计算数学小组调入。这样，数学所计算数学小组完成了它的历史使命，发展计算数学的重任从数学所逐渐过渡到计算技术研究所。1956 年 8 月 2 日，中国科学院干部局发函，通知数学、物理两个研究所将计算数学与计算机小组调入计算所筹委会[128]，并附送了名单（见图 7），其中与数学所相关的是：闵乃大、黄启晋、李开德、朱德元、石钟慈、王树林、沈元中、徐国荣、甄学礼。

1956 年 9 月 1 日，计算所筹委会派出了 1 辆卡车，将这些人接到了计算所筹委会。随后，他们中的一些人就奔赴了苏联。早在 1956 年初，数学所即有送石钟慈等出国学习计算数学的计划。1956 年 6 月 4 日，中科院干部局批准了石钟慈、王树林、徐国荣、甄学礼、崔蕴中到苏联读研究生学习计算数学的计划[129]。1956 年 9 月初，石钟慈到苏联科学院斯捷克洛夫数学研究所留学，1960 年回国后到计算所第三研究室工作。

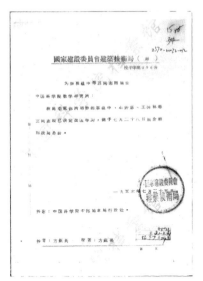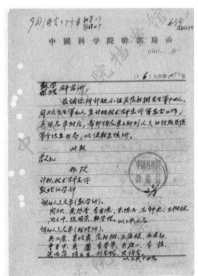

图 7　石钟慈出国留学与调入计算所筹委会的函（图片来源：中科院计算所档案室）

第三研究室的起步主要分为两个阶段。第一个阶段是从 1956 年下半年到 1958 年上半年的筹备阶段，主要是配合第一台电子计算机的制造而开展的相关活动，以便研制成功后可以尽快开始工作。在这一时期，三室派遣高级研究人员与青年同志到苏联访问与实习，开展计算数学训练班，聘请苏联专家讲授程序设计与机器工作的基本方法，从而培养了第一批计算数学的人才。

第一届计算数学训练班是由计算所筹委会第三研究室与北京大学数学力学系合办的，学员名单最早见夏培肃的回忆[130]，其后很多文章都引用这一名单。徐祖哲在《溯源中国计算机》中对这些名单进行了考证，两者数据略有出入。考虑到夏培肃院士是回忆而徐祖哲是考查档案，笔者建议采纳后者的数据。

在 71 名学员中有 30 人是从北京大学、复旦大学、南京大学、东北人民大学、武汉大学抽调来的四年级本科生，他们在训练班学习一年后，由北京大学发毕业证书，黄鸿慈即是当年的学员之一。当时由胡祖炽讲计算方法，孙念增讲程序设计，冯康讲数学物理方程直接方法，闵乃大、夏培肃、范新弼等讲授计算机原理，张世龙讲授无线电原理及实验。笔者曾拿着这份名单与课程向黄鸿慈询问，他对笔者回忆了一些当年的情形：

"计算方法开始是徐献瑜讲，那时候国内没有计算机，徐

中国计算数学的初创

献瑜由于要去苏联实习 3 个月，他讲了一两次以后，由胡祖炽来讲。我们也没上过机，学的算法都是纸上谈兵。程序设计是孙念增一条一条编程给我们看，那时候没有语言，用的都是机器指令。"[①]

除了黄鸿慈等 30 名四年级大学生外，还有 1956 年数学系应届毕业生 21 人以及代培、进修及新调入计算所筹备处的 20 名学员。第一届计算数学训练班结束以后，大部分学员仍集中于计算所筹备处。1957 年 9 月，苏联专家斯梅格列夫斯基（Yu. D. Shmyglevsky, 1926—2007）来讲学。他主要讲了三门课程：

- 程序设计
- 标准函数的计算方法与程序设计（这门课程按小组指导方式讲授）
- 程序设计自动化（这门课程是专门为从事程序工作的人员讲授的）

苏联专家开设的一系列课程，使学员们获得了程序设计的基础知识，也为学员今后的程序自动化研究开辟了道路。特别地，他留下了 25 万字的讲义，使得未听到课程的人员也能受益[131]。更重要的是，专家特别强调实际应用。通过解决实际问题来发展计算数学是三室的一大理念与特色。

第二个阶段是从 1958 年下半年到 1959 年上半年，当时正值大跃进时期，三室通过大搞计算来提高计算数学水平。当时电子计算机尚未调好，研究人员们不辞辛苦地组织人工计算来解决问题。他们用电动计算机解决了 17 个实用问题（国防及尖端科学方面 5 个、水利方面 4 个、建筑方面 3 个、其他方面 5 个），其中为长江中下游洪水演进问题投入了大量的人力[132]。

从 1959 年下半年开始，三室正式进入科学与工程计算的阶段。大型 104 机与中型 103 机的正式运转，标志着我国计算数学开启了新的纪元。计算数学工作者开始运用这些机器解决天气预报、大地测量、水文、水坝、建筑结构、铁路、公路、石油化工、晶体构造、物理探矿等方面的许多实际问题，极大地促进了国民经济的发展。与此同时，三室还发展了关于偏微分方程数值解、高阶线性代数问题和超越方程组问题等方面的一些计算方法。

从 1956 年到 1959 年，在短短的 3 年时间里，三室带出了我国科学与工程计算的第一支队伍，他们基本掌握了使用电子计算机解决计算问题的科学技术，初

① 见附录对黄鸿慈教授的采访。

步积累了科学与工程计算的经验，使用电子计算机解决了一大批国家建设中的复杂计算问题。与此同时，三室通过开设计算数学训练班、接受实习生等多种方式，为我国培养了计算数学最早的一批人才。

4.2.2 冯康调入第三研究室

提及中国的计算数学，冯康是一位绝对的核心人物，他是中国科学与工程计算的奠基人与开拓者，被誉为中国计算数学之父。关于冯康，学术界已有很多研究成果，这里不再赘述。特别值得一提的是，2020年是冯康百年诞辰，中国科学院计算数学与科学工程计算研究所再版了《冯康文集》[133]，并首次编辑出版了《冯康先生纪念文集》[134]。本节在搜集到零星史料的基础上，试图补充一些冯康调入计算技术研究所第三研究室之前的情况，这是以往较少论述的。

冯康，1920年出生于南京，兄弟姐妹4人后来均有建树，很难不让人联想他受到了家学渊源的熏陶。1939年，冯康考入中央大学电机系，同时对物理与数学又发生了兴趣，这个教育背景受到了很多研究冯康的学者们的特别注意。但与之伴随的是，冯康因为脊椎结核病而卧床一年多，落下了驼背的终身残疾。在卧床期间，他阅读了多本数学专著，其中就包括庞特里亚金（L. S. Pontryagin, 1908—1988）的《拓扑群》（*Topological Groups*）[135]。

抗战胜利以后，冯康先后在重庆广益中学、军政部兵工学校和复旦大学任教，1946年11月到清华大学物理系任助教，不久升为教员[136]。1947年3月，代理中央研究院数学所所长的陈省身回清华大学讲学，开设了包括拓扑学在内的两门课程[137]。冯康对数学有很高的兴趣，已经有了很好的拓扑学基础，参加了陈省身的课程或讨论班。1950年华罗庚回到清华大学任教，并在第二年开始负责筹备中科院数学所。由于数学所位于清华园内，冯康与华罗庚有了近距离接触的机会。1951年3月，冯康调入筹建中的中科院数学所，任助理研究员。

冯康的俄语很好，据丁石孙回忆，1950年的时候，已是物理系教员的冯康还曾教过他速学俄语[138]。另据刘亚星回忆，当时中国能翻译俄文图书的人还不多，中国科学院编译局登记翻译苏联数学书籍的译者有关肇直、谭家岱，再就是冯康。冯康申报翻译庞特里亚金的《组合拓扑学基础》，刘亚星对比了自己与冯康的翻译，发现冯康的翻译水平比他高[139]。

中国科学院在成立之初即有计划向苏联派遣留学生。1951年8月，中国科学院派遣了冯康、黄祖洽、刘国光、梅镇彤、陶宏、徐叙瑢等6名研究生和1名大学生谢蕴才到苏联留学[140]。冯康被分配到斯捷克洛夫数学研究所,师从庞特里亚金学习组合拓扑学,这可能与他此前已经熟悉庞特里亚金的工作有一定的关系。在苏联期间冯康努力学习,后因旧病复发于 1953 年回国。1954 年,冯康翻译了庞特里亚金的《组合拓扑学基础》,庞特里亚金特意对冯康在中译本中增加的例子和两个附录表示了感谢[141]。

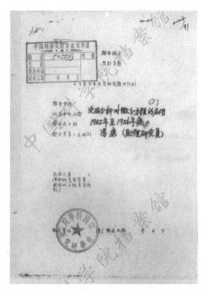

图 8　冯康 1955 年至 1956 年的研究计划(图片来源:中科院数学院档案室)

回国以后,冯康的兴趣开始集中在泛函分析,特别是广义函数论,一个与物理有密切联系的分支。与此同时,冯康也开始研究泛函分析特别是广义函数在微分方程中的应用,以期用相当强的条件处理较弱的对象,包括奇异的函数,从而避免通常分析数学中的许多困难。特别是冯康的这套方法是可计算的,因而在概念上容易被掌握,可发展出一套研究数学物理的合适工具,用来求解古典方程的广义解,其中包括含边界条件为奇异的奇异解[142]。

1956 年,冯康与关肇直、田方增合作,招收了第一批泛函分析的研究实习员,随后又大批地接受高校来的进修人员。在数学所泛函分析研究组成立之前,关肇直、田方增与冯康的关系隶属于吴新谋的微分方程研究室。在 3.2.2 节笔者曾提到,在《计算技术规划》开始后不久,苏联派了潘诺夫博士来担任计算技术规划组的顾问。冯康的俄语基础本来就很好,加之又曾到苏联进修过,所以专家到来以后，由冯康与另一位成员担任翻译。由此可见，在计算技术的规划时期，冯康就已经与计算所筹委会发生了联系。

1956 年 6 月，苏联第三届数学大会召开，中国派出了 9 人的代表团：华罗庚、钱学森、陈建功、吴文俊、程民德、黄昆、关肇直、李俨、冯康，冯康是与华罗庚、关肇直一起从国内出发去的。参加这次会议的都是中国数学界与科学界的大人物，冯康缘何能参加？可能华罗庚这时已经有了让冯康从事计算数学研究的想法。在会议期间，中国代表团与苏方讨论了计算技术方面的诸多问题。通过这次会议，冯康对计算数学的认识进一步加深。

会议期间，华罗庚、关肇直与冯康还于 7 月 6 日拜访了苏联斯捷克洛夫数学研究所的所长维诺格拉多夫、两位副所长尼考尔斯基（S. M. Nikolskii, 1905—2012）与维库阿（I. Vekua, 1907—1977），并与他们交流了计算数学的问题。苏联数学家根据苏联以及国际上的经验，建议中国从研究抽象数学的研究者中抽调一部分人转到计算数学[123]。无疑，冯康在抽象数学方面有很高的素养，他完美地符合这个条件。

经过几年的恢复与发展，到 1956 年中国数学开始进入初步繁荣时期。为了检阅向科学进军的数学队伍，1956 年 8 月 13 日至 19 日，全国第二次数学论文报告会在北京举行，华罗庚致开幕词，共有大会报告 16 个，分组报告 145 个。正是在这次会议上，陈景润等一批年轻的数学家开始崭露头角。虽然学术报告众多，但有关计算数学的报告却非常少。

计算数学本来是数学所发展的重点方向之一。由于《计算技术规划》与"四项紧急措施"的实施，发展计算数学的任务从数学所转移到计算所筹委会。虽然多方调集人员，但计算所筹委会三室仍面临着人员短缺的问题，特别是缺乏高级专家。正是在这次会议上，计算所筹委会的张克明向与会的数学家报告了计算所筹备的情况，并呼吁数学界给予支持：

"其次是高、中级研究人员缺乏问题。除了北京大学徐献瑜先生与胡祖炽先生可以和我们合作，参加训练班教学及今后的研究工作外，再没有计算数学方面的人了。苏联的计算机有一千多人，其中学数学的估计有几百人，绝不会像我们这样，只有两三个人。而明年机器到了就要计算实际问题，就要正式打仗，这样情况是十分严重的。当然我们解决不了的问题，可以请教数学所和大学的数学系，但也必须有起码的人，才能把问题提出来，好去请教。同时在人家指示了方向之后，我们也要实地计算，没有一定的中级人员，连请教都有困难。因此需要有十个左右的副教授、讲师和好的助教，来组成这方面的骨干。

由于以上情况，筹委会认为必须向全国数学界及各大学的数学系呼吁请求帮助。从规划当中，我们深切知道数学界对筹建计算技术研究所和发展计算数学是非常关心的，并且愿意大力支援的。"[143]

紧接着，在计算所筹委会组织的第一届计算数学训练班上，冯康已经开始给学员讲解数学物理方程直接方法。在计算数学严重需要人的情况下，1957 年初，华罗庚将数学所的许孔时与魏道政调入计算所筹委会。与此同时，冯康则主动要求从数学所调入计算所筹委会[144]。到计算所筹委会第三研究室以后，冯康升为副研究员，他的工资为 149.5 元（见图 9）[145]。由于同时具备工程、物理与数学的功底，又有留学苏联的经历，冯康很快成为三室的骨干力量。

图 9　1957 年春冯康调入计算所筹委会（图片来源：中科院数学院档案室）

众所周知的是，60年代初冯康、黄鸿慈等在对外几乎隔绝的情况下，独立于西方发现了有限元方法，解决了基本理论问题，奠定了有限元方法的数学基础。改革开放后，冯康又提出并发展了哈密尔顿系统的辛几何算法，培养了几代中国计算数学家，成为中国科学与工程计算事业的主要奠基人和开拓者。关于冯康的这些功绩，可见宁肯、汤涛的《冯康传》。

4.2.3　计算中心的筹备工作

1958年8月103电子计算机特别是1959年4月104电子计算机研制成功以后，三室终于可以大显身手了。1959年5月到6月，三室接到外部单位提出的17个问题，其中航空5个，原子能1个，建筑4个（包括水坝、房屋、公路等），机械电机5个，自然条件4个（如天气预报、大地测量）等，几乎都是国防与经济建设中的重大问题[146]。总的来看，三室的主要业务大致可以分为三个方面并以第一个为主：

- 科学技术中数学问题的计算方法，主要是线性和非线性的数理方程问题和高阶有穷方程组问题的数值解法。
- 国民经济中数学问题的计算方法，包括规划运筹问题、统计问题、计划经济问题等计算方法。
- 机器进行信息加工问题，包括程序自动化、机器翻译、情报处理、模拟智能、生产自动化的系统组织和工作过程问题。

截至1959年8月，三室共有研究人员74人，其中研究实习员36人，高级研究员2人，归队干部2人，计算员、穿孔员、行政及其他辅助人员34人。此外有其他单位进修的人员约70人，其中2/3来自中科院其他分院，1/3来自高等院校。进修的人中很多都是没有毕业的大学生，水平不是很高。因此，三室的研究力量并不充足。特别是考虑到很多问题并不是短时间能解决的，因此必须集中力量，系统地解决某些重要的问题。

三室此前曾解决了大地测量平差问题（202个方程，52个未知数），但上百个未知数的中型问题自然出现，这也是军委测绘局与国家测绘局迫切要求解决的；天气预报也是一系列由小到大的计算问题。三室在解决重要问题的同时，也开始安排近代文献阅读的讨论班（每周一次，每人约需一天时间），在解决国家任务的同时带动相关学科的发展。

中国计算数学的初创

苏联计算中心脱胎于苏联计算技术研究所的数学组,根据苏联的发展经验,中科院计算所已成功研制出电子计算机,并且拥有了三室这一支计算力量,初步具备了建立计算中心的条件。筹建计算中心的主要目的是加强计算数学的研究力量,然而三室虽然组建起一支队伍,但数量仍明显不足,特别是高级研究人员极其缺乏,冯康一个人要指导几乎全室的计算问题。

有鉴于此,三室建议数学所投入一定的研究力量,共同筹建计算中心。由于微分方程的数值解是计算数学中最主要的分支,而数学所自成立之初就有微分方程组,由吴新谋负责领导,因此三室建议由吴新谋领衔成立计算中心筹备小组,请他到三室参加工作来加强三室。此外,数学所其他中级研究员以及研究实习员,也希望有一部分调入三室。

与计算数学相同,微分方程也被认为是数学联系实际的重要分支。在数学所的多次发展计划与《十二年科技规划》中,微分方程与计算数学一样,均受到了极大的重视。数学所除吴新谋研究微分方程外,还有秦元勋与孙和生。1955 年,孙和生到苏联去学习微分方程。同一时期在苏联学习微分方程的有北京大学的周毓麟,上海交通大学的李德元等人。周毓麟回国后在微分方程方向为北京大学培养出一批学生,这批学生中有应隆安、滕振寰、韩厚德等人,他们在改革开放后调入计算数学教研室,主要从事微分方程数值解研究,在北京大学培养出一大批计算数学人才。

60 年代初,我国有不少微分方程领域的学者转入计算数学领域。周毓麟、秦元勋、孙和生、李德元等奉命调入二机部九所,开始从事中国核武器的研究工作,专业也从微分方程转为流体力学与计算数学等领域。以周毓麟、秦元勋等为代表的计算数学家在核武器的数值计算中做出了重大贡献。例如,他们领导编制出第一个总体力学计算程序,并在计算所的 104 上进行了 9 组模拟计算,所得结果与手算的误差在 5% 之内,直接验证了计算结果的可靠性与程序的可行性。在他们的带领下,九所始终存在着一支强有力的科学计算队伍[147]。

中国科学院计算中心直到改革开放之后才告成立。1978 年 3 月,三室(不含计算机辅助设计 26 人)133 人划出计算所建制组建计算中心,由冯康担任主任。1995 年 3 月计算中心撤销,以计算中心三部与"科学与工程计算"国家重点实验室为基础成立中国科学院计算数学与科学工程计算研究所。1998 年,该所与中科院数学研究所、应用数学研究所、系统科学研究所共同组建为中国科学院数学与系统科学研究院。

第5章
高等院校相继设立计算数学专业

中华人民共和国成立后，中国高等教育进入到一个新的时期。1952 年秋，为适应国家经济建设的需要，在全面学习苏联的形势下，全国高等院校进行了院系调整，使得我国高校的格局出现了一个明显的变化，至今仍有印记和影响。关于院系调整的得与失，学界已有众多研究成果，这里不再赘述。

经过调整，以文理科为主的综合大学数学系实力显著增强。大学数学系每年的招生名额从过去的几名增加到几十名，甚至 100 名以上。与此同时，高等院校还进行了学制改革，取消了学院建制，把学科分为三级：学系—专业—专门化。教育部门对各个专业和专门化制定统一的教学计划，这使得专业和专门化的重要性凸现出来。建国初期的数学系大都只有一个数学专业。

按照《十二年科技规划》的要求，为了配合中国科学院计算技术研究所的建立，综合性大学的数学系要设置计算数学专业。在这个规划的指导下，北京大学、吉林大学与南京大学先后创办了计算数学专业。整体来看，这三所大学设置计算数学专业基本上是按照规划进行的，但面临的实际情况与采取的具体措施又各不相同。与此同时，一部分工科大学利用各种机会也创办了计算数学专业。新成立的中国科学技术大学应用数学与计算技术系设有应用数学专业，计算数学则是该专业中最主要的一个专门化。

5.1 北京大学最早创办计算数学专业

北京大学是中国最早创办计算数学专业的高校，其前身是 1898 年的京师大学堂，成立之初即为中国最高学府。1912 年，民国政府将京师大学堂改名为北京大学校。1916 年，蔡元培出任北京大学校长，随后在北京大学推行了一系列改革。他实施教授治校、民主管理的制度，奠定了北京大学的传统与精神。1930 年，蒋梦麟出任北京大学校长，他改革了学校的管理制度，整顿教师队伍，北京大学的理科得以快速发展。

中国计算数学的初创

全面抗战开始以后，北京大学南迁长沙，不久再迁至昆明，与清华大学、南开大学合组为西南联大。1946 年，北京大学迁回北平。复员后的北京大学文、理、法学院得到加强，医、农学院则处于顶尖水平。1952 年，北京大学由沙滩迁到燕园①。北京大学、清华大学、燕京大学（简称燕大）三校的自然科学、人文学科学者集中到北京大学，奠定了北京大学文理两科长期领先的地位。

5.1.1 新中国成立前北京大学数学系概况

北京大学数学科学学院是为数不多的有较为详尽院史研究的院系。丁石孙等曾撰写过《北京大学数学系八十年》[149]，2013 年北京大学数学院百年院庆，又对上文进行了补充[150]。此外，郭金海对全面抗战前北京大学数学系的研究也非常有价值[22,151]。本节简要回顾一下新中国成立前北京大学数学系的发展历程。

北京大学数学系的起源比北京大学还要早，可以追溯到 1867 年在京师同文馆设立的天文算学馆，清末著名数学家李善兰为首任算学教习。同文馆并入京师大学堂后，数学在教学中仍占有很大比重。1904 年，京师大学堂选派了 47 人赴日本、西欧各国留学。冯祖荀被送往日本京都大学学习数学，回国后长期担任北京大学数学系教授与系主任。

1913 年秋，北京大学数学门招收新生，这是我国第一个现代数学系。1919 年，北京大学数学门改为数学系。校评议会在对各系进行分组时，将数学系列为第一组第一位。经过十几年的探索，北京大学数学系探索出一条办学之路，初步形成了完备的教学体系。1931 年夏，在美国哈佛大学获得博士学位的江泽涵被聘为北京大学数学系教授。他协助冯祖荀在教学、科研方面进行了一系列卓有成效的改革，为数学系增添了活力。

1930 年代，在冯祖荀的支持下，江泽涵开始整顿数学系的学风。1934 年底，江泽涵出任北京大学数学系的主任，他仿照欧美大学的体系，对数学系进行了进一步的系务与教学改革，并建立了数学系图书馆。数学系与欧美学术界的交往频繁，先后邀请了布拉施克（W. Blaschke, 1885—1962）与伯克霍夫（G. D. Birkhoff, 1884—1944）前来讲学，还聘请了施佩纳（E. Sperner, 1905—1980）与奥斯古德（W. F. Osgood, 1864—1943）到系任教。到抗战前夕，北京大学数学系已经形成一支具有较强科研能力、能够进行系统教学的教师队伍。

全面抗战开始以后，北京大学数学系与清华大学、南开大学数学系组成了西

---

① 这部分内容主要参考 [148]。

南联大数学系。西南联大数学系集中了当时中国数学界的大批精英，在课程与教学的设置上达到了前所未有的高水平。教授们结合自己最新的研究工作开设选修课，根据张奠宙教授的研究，已经具备培养博士的水平[24]137。抗日战争胜利以后，北京大学于 1946 年迁回北平。数学系在这一时期师资力量进一步增强，申又枨、庄圻泰、张禾瑞等成长为教学与科研骨干，又聘请程民德到系任教并推荐他出国留学。

1947 年，江泽涵到瑞士访问，申又枨代理系主任。同年许宝騄谢绝国外大学邀请，回到北京大学任教。北平和平解放以后，江泽涵于 1949 年夏克服重重困难回到北京大学，与他同来的还有王湘浩，他刚从普林斯顿大学获得博士学位。在法国获得博士学位并从事了一段时间研究的吴文俊，也于稍后来到北京大学数学系任教。北京大学数学系的实力较过去有了进一步增强。

5.1.2 率先成立计算数学教研室

在 1952 年秋的院系调整中，北京大学数学系与清华大学数学系、燕京大学数学系重组为北京大学数学力学系。数学力学系创立之初集中了 29 名教员，其中有 10 名教授，他们是原北京大学江泽涵、许宝騄、申又枨、庄圻泰，原清华大学段学复、闵嗣鹤、周培源、程民德，原燕京大学的徐献瑜、戴文赛。数学力学系的首任主任为段学复教授，林建祥任系秘书。

由于师资力量雄厚，数学力学系在代数、分析、几何、拓扑、概率统计、力学等学科领域都有较强的学术带头人，在全国处于明显领先地位。教学方面，数学力学系采用了莫斯科大学的教学大纲，并成立了教研室。从 1953 年起，数学力学系最先成立了分析教研室，由程民德担任主任。其后，又相继成立了代数教研室、几何教研室、方程教研室与高等数学教研室，分别由段学复、江泽涵、申又枨和徐献瑜担任主任。设置教研室的主要目的是加强教学。通过开展教研室活动，数学力学系的教学质量有了很大提升。

在开展教学的同时，数学力学系陆续恢复了科研工作，研究领域最初主要面向纯粹数学。与此同时，数学力学系还开始发展应用数学方向。1955 年底至 1956年初，由许宝騄教授负责筹备了概率论教研室。数学力学系建系之初即有共识与思想准备，在适当时机发展计算数学。1953 年华罗庚随中科院代表团访问苏联时，曾带回莫斯科大学计算数学教研室的教学大纲与研究规划等材料，并交付给北京大学数学力学系（见 3.1.2 节）。

中国计算数学的初创

据林建祥回忆，中国科学院数学所关肇直于 1955 年春来告知，科学院要数学所迅速建立计算数学的研究方向，北京大学要配合建立计算数学专业，以提供国家急需的计算数学人才[152]。1955 年秋，数学力学系随即抽调力量，由徐献瑜、胡祖炽、吴文达、杨芙清等组建了计算数学教研室。该教研室是中国高校中第一个计算数学教研室，由徐献瑜担任主任[153]。

徐献瑜，1910 年出生于浙江湖州，曾就读于东吴大学物理系，1932 年从燕京大学物理系毕业，随后又留系做了两年研究生，毕业后到数学系担任助教，讲授高等微积分。与赵访熊、冯康相同的是，徐献瑜一开始也不是数学出身，而是从物理学转过来的。与数学出身的人相比，他们具有很强的应用背景，在转入计算数学方面有一定的优势。这可能也是后来数学力学系选择徐献瑜来负责计算数学教研室的原因之一。

1936 年，徐献瑜到华盛顿大学留学，主要跟随匈牙利裔数学家赛戈①学习，1938 年获得博士学位，然后在华盛顿大学数学系担任助理一年，以观察美国的大学教育。1939 年，徐献瑜回到燕京大学，被聘为讲师并代理系主任。徐献瑜不仅为数学系授课，还教授物理系的数学课程。太平洋战争爆发后燕京大学停办，徐献瑜到辅仁大学与中国大学②任教，与敌伪没有任何关联。抗战胜利后燕大复校，徐献瑜任数学系教授与系主任。院系调整合并到北京大学数学力学系后，徐献瑜所在高等数学教研室主要为外系讲授高等数学。

胡祖炽，1921 年出生于湖南长沙，1943 年毕业于西南联大数学系并留系担任助教。1946 年，胡祖炽被聘为清华大学数学系助教。1952 年院系调整以后，胡祖炽被分配到申又枨所在的微分方程教研室，主要从事微分方程的教学工作。他翻译了多本苏联微分方程方面的教材，并编译了多本讲义。1955 年，胡祖炽受命转入计算数学方向，与徐献瑜一起组建计算数学教研室。

吴文达，1929 年出生，江苏如皋人，1951 年毕业于燕京大学数学系并留系任教。院系调整以后，吴文达被分配到分析教研室，担任程民德的助教。吴文达精通俄语与英语，翻译了多本分析方面的教材。1957—1959 年，吴文达到苏联进修计算数学，跟随刘斯切尔尼克（L. A. Lyusternik, 1899—1981）学习计算方法。与吴文达一起担任分析课助教的还有陈永和，他是北京大学 52 级两年制专修科毕业生，后来也调入计算数学教研室。

---

① 赛戈，匈牙利裔美国数学家，分析学家，对正交多项式和特普利茨（Toeplitz）矩阵有重大贡献。
② 国民政府时期设在北京的一所私立大学，1949 年停办。

计算数学教研室还有一位研究生杨芙清。杨芙清，1932 年生于江苏无锡，1951 年考入清华大学数学系，1955 年 7 月从北京大学数学力学系毕业。在分配工作时，她被通知留校做研究生，跟随徐献瑜教授学习计算数学。徐献瑜指定杨芙清学习《线性代数计算方法》，每星期在教研室报告一次，然后大家集体讨论[①]。就这样，北京大学计算数学教研室开始了最早的学术活动。

5.1.3 中国第一个计算数学专业

为了尽快培养出计算数学方面的毕业生，北京大学数学力学系在成立计算数学教研室后，立即着手规划计算数学专业的创办。大概在 1956 年初，计算数学教研室做了初步规划：

"计算数学专业的设立应该是全国建立计算机事业计划的一部分。最近代的计算机由于全能、快速等性能有充分可能解决许多理论科学（原子核物理）（理论上能解决一切问题）（每秒 8000—15000 次运算）与技术科学（空气动力学、火箭炮、远距离操作），提供给这些科学以有力的工具，大大便当这些极端重要学科的进一步发展。因而在苏联美国都给以极大的注意，中国目前已提出的计算问题还很少，但其他科学也正在极快发展，但如不早做准备，不久将影响这些学科的发展。本专业目的即在正规培养能使用最近代全能快速电子计算机进行计算，并有可能进行初步研究改进计算方法、计算程序、机器结构的干部。

因此我们在规划中注意两点：

（一）假如我们自己没有计算机或学生在专业前没有在计算机上实地工作过，则本专业设立即没有意义。因此在规划中对实验室建立首先给极大的注意。我们应该准备几年内有自己的全能快速电子计算机（莫大自己有，今年八月开始使用，由于不断增长的需要，即令科学院有也不能去让大学用。

---

① 见附录对杨芙清院士的访谈。

莫大并附设有计算中心，为外面科学机关服务）才便于建立科学据点。目前应该关心、配合科学院第一部计算机的装成，同时应该尽快建立小型（相当于莫大大楼内的四个小实验室）的实验室，为学生上大机器打好准备知识。

（二）有了机器后机器的结构及计算方法的改进将会提出大量的理论问题，因此今天理论方面也需有很好的准备。一方面对计算数学有密切关系的数学分支如泛函分析、函数逼近需要同时安排逐渐成长，也需要注意数理逻辑的成长。同时计算数学干部本身应该加强理论的修养，熟悉各种计算方法。"[154]

1956 年春，国家开始制定《十二年科技规划》。作为制定"计算技术规划"的前奏，徐献瑜、林建祥作为代表团的成员到苏联参加了计算机会议，并参观了苏联科学院计算技术研究所与莫斯科大学计算数学教研室。与此同时，高等学校的各系也开始制定自己的十二年远景规划。经过讨论，北大数学力学系决定将计算数学列为重点发展方向：

"考虑到我们的主要任务一方面是结合急需、填补空白、加强薄弱学科的发展，我们初步肯定把计算数学、力学、概率论与数理统计、微分方程四方面列为十二年内的发展重点。同时为了保证重点学科的发展，对于与重点学科联系比较紧密的学科，肯定也要在十二年内逐步创造条件迅速地加以发展。"[155]

规划明确要求数学力学系要在 1956 年开设计算数学专业，并在专业内开设计算数学专门化。经过几个月的积极准备，计算数学教研室根据苏联计算数学专业的教学大纲逐条分析，并结合我国的实际情况制定了自己的教学大纲。1956 年 5 月 20 日，华北地区高等学校招生工作简报（第贰号）发布，第三部分刊登了全国综合大学理科招生的专业变动，其中特别提到了北京大学数学力学系计算数学专业将于今年招生，学制为 5 年[156]。

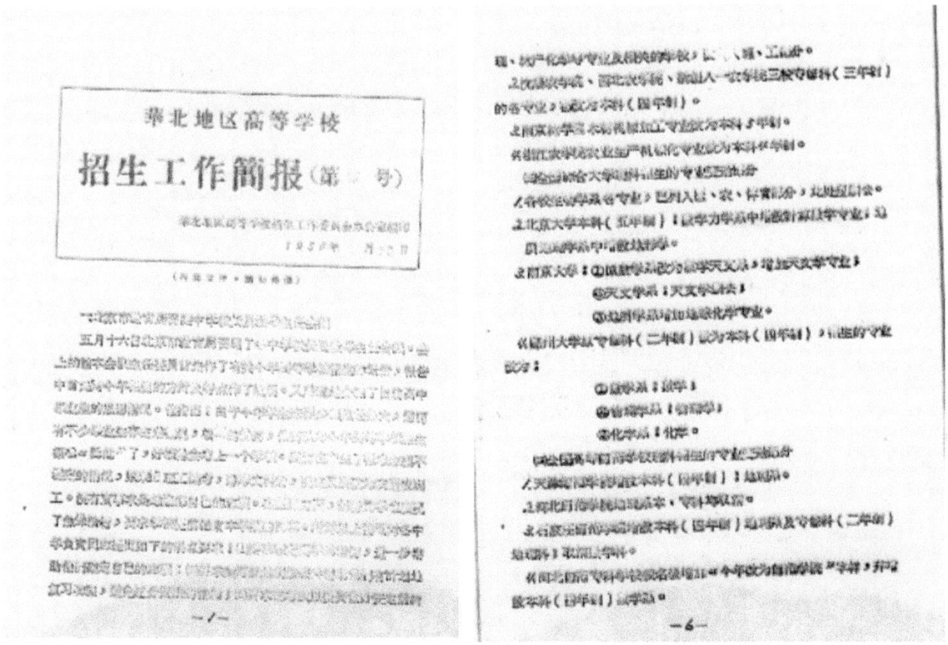
华北地区高等学校

招生工作简报（第 号）

—1—

—6—

图 10　北京大学 1956 年开设计算数学专业（图片来源：北京大学档案馆）

数学力学系在 1956 年原计划招生 260 名，其中数学专业 110 名，力学专业 120 名，计算数学专业 30 名。后教育部又将计算数学专业追加了 30 名，数学专业追加了 10 名。由于教育部未来得及通知北京大学与各地招生委员会，数学力学系最终共录取 278 名。计算数学专业实际录取 45 人，组成了“计算 56 班”①，其名单可见北京大学数学科学学院 1956 年院友名单②。

据曾抗生的回忆，他于 1956 年考入北京大学数学力学系计算数学专业，成为中国计算数学专业的第一批学生[158]。他的基础课为数学分析、高等代数与解析几何，与数学专业相同，授课老师分别为董怀允、王萼芳、吴光磊。董怀允 1951 年毕业于清华大学数学系，为了加强计算数学专业的师资力量，后转入计算数学

① 1956 年招收的计算数学专业新生中，一部分在 1959 年转入新成立的无线电系计算技术和自动控制专业。1960 年部分学生提前毕业留在计算数学教研室任教。1962 年，“计算 56 班”学习期满，共有 22 位学生按期毕业。见 [46]：148-149。

② http://www.math.pku.edu.cn/mathalumni/yymd/yyw_bks/29143.htm，网页将计算数学专业的这个班误记作数学专业 1 班。

教研室。专业课则由计算数学教研室承担。

数学力学系 1954 级数学专业的学生在计算数学专业创办时刚好要开始读三年级，所以获得了一次重新选择专业的机会。现在计算数学作为一个学科和专业得到了广泛认可，但成立之初这个专业前景并不明朗，没有像样的教材，授课老师也是半路出家。当年很多学生之所以选择计算数学专业，是抱着为国家建设服务的理想与信念去的。王选[①]就是在这一年进入计算数学专业的，当年共有 20 多人选择了计算数学专业。王选在计算数学专业受到了很好的训练，为他后来发明汉字激光照排技术奠定了基础。

甚至有力学专业的学生转学计算数学专业。余梦伦[②]1955 年考入北京大学数学力学系力学专业，三年级时他听了徐献瑜在系里的一场讲座：

> "计算机的诞生是出于军事目的，目前的应用领域也是以军事为主，可未来科学计算是计算机发展的重要方向。现在，我国有了自己的第一代计算机，可是计算机人才还几乎为零，因此，国家决定成立计算数学专业，为我国计算机事业培养人才。"[159]

余梦伦在徐献瑜描绘的蓝图中看到了自己的方向和目标，毅然决然地报了名，成为力学专业中唯一转到计算数学专业的学生。1960 年，余梦伦顺利从计算数学专业毕业，被分配到国防部第五研究院第一分院工作，后来为中国的火箭弹道的设计做出了重要贡献。

由于 1953 年入学的学生要在 1957 年毕业，已经来不及进入计算数学专业。为了尽快培养计算数学人才，完成《十二年科技规划》中的任务，数学力学系给53 级学生开设了计算数学专门化课程。需要注意的是，这个专门化是在数学专业内开设的[③]，入选的都是比较优秀的学生。最终，黄鸿慈、陈堃銶等 15 名学生进入计算数学专门化，陈堃銶回忆道：

> "数学专业新成立了计算数学教研室，徐献瑜教授是筹备者，后来成为教研室主任。他从苏联考察回来，向大家介绍苏联的情

---

① 王选（1937—2006），计算机科学家，中国科学院与中国工程院院士，国家最高科学技术奖获得者。
② 余梦伦（1936—），航天飞行力学、火箭弹道设计专家，中国科学院院士。
③ 见附录对黄鸿慈教授的访谈（图 17）。

况，特别是计算机在国民经济中的作用，讲得十分生动，许多同学都很动心。我也很感兴趣，而且我自感不是学纯粹数学的料，比姜伯驹等有很大的差距，所以决定报计算数学。后来知道挑学生比较严，大概我当过优秀生，才被选上。"[160]

除了北京大学数学力学系自己的学生以外，高等教育部还从复旦大学、南京大学、东北人民大学与武汉大学调来 15 名三年级学生，与北京大学的学生一起学习计算数学专门化课程，毕业后统一发北京大学的毕业证。

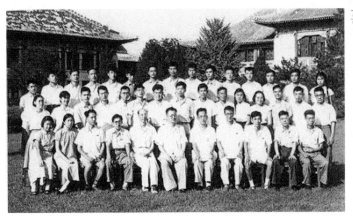

图 11　北京大学 1957 年计算数学专门化毕业合影与分配名单（图片来源：北京大学档案馆）

计算数学教研室的胡祖炽给计算数学专门化的学生们开设了计算方法的课程。他在极短的时间内，编写了一本计算方法的讲义，主要内容涉及方程的近似解法、数值积分、常微分方程与偏微分方程的数值解法等。这本讲义在 1959 年正式出版，是我国计算数学方面一部比较系统、全面而内容丰富的教材[161]。

北京大学计算数学专业的创办与计算数学专门化课程的开设，与中国科学院计算技术研究所的筹建是紧密配合的。计算所第三研究室的主任由北京大学计算数学教研室主任徐献瑜教授兼任，而北京大学计算数学专门化同时是计算所筹委会开设的第一届计算数学训练班的一部分，这些专门化学生毕业后亦有相当一部分配到计算所工作。其余学生则分配到高等院校、国防部、气象局工作，为计算数学在中国的进一步发展做出了贡献。

5.1.4 研制电子计算机的尝试与努力

根据北京大学数学力学系 1956 年初制定的十二年远景计划，计算数学专业希望在 1958 年建成一个实验室，因此研制电子计算机很快提上日程。为了完成这一任务，计算数学教研室将北京大学教务科的张世龙调入。张世龙，1929 年出生于天津，1951 年毕业于燕京大学物理系，后留校任教。在毕业之际，张世龙曾对模拟计算机解变参数二阶常微分方程有所关注。

院系调整以后，张世龙调入北京大学，担任教学研究科长。由于张世龙有扎实的数理基础和动手能力，经徐献瑜争取将他调入数学力学系。1956 年 3 月，张世龙在徐献瑜的推荐下参加了中国科学院组织的"数字计算机讨论班"，得到一本英国学者写的电子计算机的影印本。回到计算数学教研室之后，他与胡祖炽、林建祥、吴允曾一起翻译，该书的中译本《快速电子计算机》在 1957 年出版，这是国内第一部出版发行的计算机专著。

从 1956 年开始，张世龙开始自主设计电子计算机，很快做出一台模型机，取名为"北大 1 号"。遗憾的是，由于诸多条件欠缺，特别是磁鼓存储器不过关，该机不能运行。但这台机器仍发挥了不小的作用，张世龙在给 54 级转入计算数学专业的学生开课时，便以这台机器为模型，从逻辑设计、电路设计、工程设计，勾画了计算机原理和一台计算机的完整形象[162]。

国民经济的发展和国防工程的建设，对计算机的研制提出了更高性能的要求。中科院计算所开始仿制苏联的 BESM 计算机（104），北京大学也决定制造一台中型计算机，取名"红旗"（北大 2 号）。当时苏联专家携带图纸来到科学院进行指导，张世龙也跑去听了几次课。由于来的都是工程技术专家，张世龙听得并不是很明白，这方面董铁宝给了张世龙很大的帮助。

经过与董铁宝一连数天的讨论，张世龙分析了计算机内部的基本结构，比较了苏联 BESM 和美国 EDVAC 指令系统和总体设计的优缺点，以及可以做哪些改进，然后再带领学生们实体制作计算机。董铁宝归国时带回了冯·诺依曼关于 EDVAC 的 "101 页报告"，很多年轻人都是通过他才第一次阅读到这篇珍贵的报告，王选、陈堃銶等受到了董铁宝的很大影响。

当时国防科委正在参照美国的 SAGE（半自动地面防空系统）研发自己的系统，得知计算所和北京大学都在研制计算机，便邀请张世龙会见中科院计算所的阎沛霖所长，商定由北京大学、计算所、五院出人，研制甲、乙、丙三台晶体管计算机，总称 109 机。张世龙、董铁宝参与了中国前两台自主设计制造的红旗机和 109 甲机的前期工作，并发挥了很重要的作用。

除了计算方法与计算机之外，计算数学专业还着重开拓程序设计这一方向。1956 年底，杨芙清由导师徐献瑜推荐，到苏联科学院计算中心进修，学习计算方法。1958 年 4 月，周培源又安排她到莫斯科大学数学力学系继续进修，跟随舒拉-布拉（M. R. Shura-Bura, 1928—2008）[①]学习程序设计。1959 年 10 月，杨芙清结束进修，回到北京大学数学力学系计算数学专业任教，主要负责程序设计方向。

北京大学计算数学专业不仅培育了计算数学这一学科，还为将来计算机硬件与软件学科的发展打下了基础。总体来看，北京大学计算数学专业由于建立最早，在中国高校中始终处于领先的地位。1981 年，北京大学计算数学学科获得全国首批博士学位授予权。这一时期应隆安、滕振寰、韩厚德等先后加入计算数学教研室，又培养出许进超、金石、汤涛、张平文等多名具有国际声誉的计算数学专家，北京大学的计算数学学科始终走在中国的前列。

5.2　苏联专家与吉林大学的计算数学专业

吉林大学是继北京大学之后又一所创办计算数学专业的高校，与北京大学并列最早之列，其对中国计算数学的影响甚至更甚。在 2017 年吉林大学召开的计算数学高层研讨会上，袁亚湘院士说道："在中国一提到计算数学，就会想起吉林大学。"江松院士也提及："吉林大学的数学特别是计算数学是有光荣传统的，当年我们大学时候学的数学分析和计算数学的一些课程，用的都是吉大编写的教材。"[163] 本节主要论述吉林大学创办计算数学专业的历程。

这里简要介绍一下吉林大学的历史[②]。吉林大学的前身是东北行政学院和公立哈尔滨大学。1946 年，东北行政学院在哈尔滨成立。1948 年 5 月，东北行政学院与公立哈尔滨大学合并，改称东北科学院。11 月，学校南迁至沈阳，复名东北行政学院。这一时期，学校的主要任务是为全国的解放事业培养行政管理干部。1950 年 3 月，经东北人民政府决定，东北行政学院更名为东北人民大学（简称东北人大）。1950 年 6 月，东北人民大学迁到长春，主要培养财经和政法类

---

① 舒拉-布拉，苏联应用数学家、程序设计的鼻祖，他为苏联软件的建立和开发做出了重要贡献。

② 这部分内容主要参考 [164]。

的专门人才。1952 年全国高等院校调整，东北人民大学创立了数学、物理与化学等系，成为一所文理兼备的综合性大学。1958 年，东北人民大学更名为吉林大学。

5.2.1 东北人民大学数学系的初创

1952 年院系调整以后，王湘浩、徐利治、江泽坚等人调入东北人民大学数学系，并由王湘浩担任创系主任。在建系之初，数学系只有 14 名教师，其中只有 1 人是教授，与北京大学有 29 名教师（其中 10 名教授）相比可以说是天壤之别，却要承担全校的数学教学任务，可以说是困难极大。王湘浩、徐利治与江泽坚等人艰苦创业，在数学系的初期发展中发挥了中流砥柱的作用[165]。

与全国绝大多数高校一样，东北人民大学数学系的教学也是采取苏联模式，强调课程设置的目的性和计划性，注重教研室活动与备课。为了使东北人大数学系在创建初期得到快速发展，王湘浩、徐利治、江泽坚等做出了君子协定：三年之内不做研究。1953 年夏，高等教育部明确了科研在综合性大学重要性的地位后，各综合大学的科研活动才逐渐开展起来。

在这种情况下，徐利治提议组织数学研究小组，得到了系主任王湘浩以及江泽坚的支持。他们从数学系四年级挑选了十余名优秀本科生，指导他们做一些研究课题，有的学生还写出了论文。数学系最初有两个研究方向，分别是王湘浩、谢邦杰建立的代数方向与徐利治、江泽坚建立的分析方向。

1954 年，东北人大数学系培养出第一届毕业生。一部分优秀毕业生如伍卓群、李荣华、李岳生等留校任教，数学系师资短缺的情况得到了初步缓解，教学也逐步走上了正轨。特别值得一提的是，这一届毕业生的质量很高，先后出了两个大学校长。一个是伍卓群，1986—1995 年任吉林大学校长。还有一个是李岳生，1984—1991 年任中山大学校长。

数学系的研究方向也逐渐扩展开来。1954 年，东北工学院的王柔怀借调到东北人大，伍卓群与李岳生跟随王柔怀学习和研究常微分方程，这样微分方程方向也建立起来了。1955 年 12 月，《东北人民大学自然科学学报》创刊，首期刊登的研究文章中数学文章约占三分之二。这时，东北人大数学系已发展成为一个初具规模、在国内有一定影响的数学系。

5.2.2　发展计算数学的机遇

1956 年，党中央提出"向科学进军"的号召，开始制定《十二年科技规划》。数学系主任王湘浩作为规划组成员参加了数学与计算技术的规划。当时发展计算数学的呼声非常高，东北人大也有意发展计算数学。实际上，东北人大数学系在 1955 年制定的研究规划中就包括了计算数学：

> "计划在 1962 年建立计算数学专业，希望北京大学培养
> 一批干部。希望在 1962 年来一个计算数学方法的苏联专家。
> 第三个五年计划内在数学研究室内设立计算数学组。"[166]

当时东北人大寄希望于北京大学代为培养师资，因为北京大学已经成立了计算数学教研室，并将苏联专家来讲学视为创办计算数学专业的一种途径。

东北人民大学之所以计划发展计算数学，主要与徐利治有关系。徐利治在西南联大期间受华罗庚影响很大，而华罗庚那时正在大力呼吁发展数值计算，而徐利治本人所从事的逼近论研究与计算数学有着密切的关联。中华人民共和国成立后，华罗庚多次倡导发展计算数学，而发展计算数学的外部条件已经成熟，徐利治此时提出在东北人民大学发展计算数学，可谓正当其时。为此，徐利治与江泽坚在东北人民大学开设了泛函分析与逼近论的课程，还组织了计算方法方面的讨论班，为创办计算数学专业做准备工作。

1956 年 2 月，苏联要召开"全苏泛函分析及其应用会议"，并向中国科学院寄发了通知，中科院又将通知转发给国内各所大学。当时国内从事泛函分析研究的只有曾远荣、田方增与关肇直等少数几位数学家，他们是将泛函分析引入国内的先驱。鉴于国内泛函分析的实际情况，经科学院与高教部合议，中方以中国科学院的名义派一个代表团。代表团成员为曾远荣（南京大学）、田方增（中国科学院数学研究所）和徐利治，其中曾远荣为领队。关于这次会议的具体经过和详细内容，田方增有专门的文章介绍[167]。

特别地，田方增提到了泛函分析在近似方法中的应用，这主要是列宁格勒大学康托洛维奇教授的工作，他是苏联计算数学的开创者之一（见 1.1.2 节）。实际上在此之前的一年，关肇直已经将康托洛维奇的一篇经典长文《泛函分析与应用数学》翻译成中文[168]，发表在刚刚创刊不久的《数学进展》上。该文长达 110 页，对非线性泛函在中国的发展起到了巨大的推动作用。

康托洛维奇，1912 年出生于圣彼得堡，1926 年进入列宁格勒大学数学系学习。当时正值苏联数学发展的黄金时期，由切比雪夫（P. L. Chebyshev, 1821—1894）开创的圣彼得堡学派与卢津（N. N. Luzin, 1883—1950）领导的莫斯科学派交相辉映。康托洛维奇从列宁格勒大学的讨论班上学到了卢津的工作后立即开始研究，在大学毕业之前已发表了近 10 篇论文。

1930 年康托洛维奇毕业后留校从事教学和研究工作，1934 年晋升为正教授。1935 年苏联恢复学位制度，康托洛维奇不经答辩即获得博士学位。这时，泛函分析获得了飞速发展，康托洛维奇在希尔伯特空间中引入了理想函数，而且独创地提出了完备化方式以及一类具有完备性的半序空间，这些结果总结在他 1950 年的专著《半序空间泛函分析》中[169]。

在电子计算机问世之前，发展解析的近似方法十分重要，这也是通往计算数学的必由之路。从 20 世纪 30 年代起，康托洛维奇致力于将泛函分析的方法应用到函数方程的近似求解上，并将其系统化。经过十余年的努力，他成功地将牛顿法推广到函数空间，创立了现代文献中所称的"牛顿–康托洛维奇"方法，并因此获得了 1949 年的斯大林奖金。

无独有偶，徐利治也对泛函分析在近似方法中的应用感兴趣。会议期间，他多次向康托洛维奇请教这一问题，并代表东北人大向后者提出了学术交流与合作的愿望[56]136-139。康托洛维奇非常热情，推荐了自己的学生梅索夫斯基赫（I. P. Mysovskih, 1921—2007）到中国帮助东北人大创办计算数学专业，东北人大计算数学的发展迎来了一个不小的契机。

5.2.3 苏联专家来华始末

从苏联返回后，徐利治立即开始做准备工作。1956 年 3 月，徐利治在数学专业内首次开设了近似方法专门化。而在此之前，他还与江泽坚开设了"泛函分析与逼近论"讨论班。为了响应"向科学进军"的口号，在国家《十二年科技规划》的指导下，东北人大于 1956 年 5 月制定了《东北人民大学 1956—1967 年发展规划》草案，计划成立物质结构和特殊材料性能、高分子化学与物理、计算数学与技术等六个理科研究室[170]。

当时中国科学院要在长春设立分院，东北人大校长匡亚明在给中科院副院长张劲夫的信中还表达了与中科院长春分院合办这几个研究室的愿望[171]。据李荣华先生告诉笔者，计算数学研究室后来确实成立了，其中负责人就是徐利治。该研究室的主要任务是从事计算数学方面的研究工作，但 1957 年反右派斗争开始以后，徐利治被打成了"右派分子"，研究室没能发挥作用，非常可惜。

1956 年 10 月，数学系主任王湘浩、副主任徐利治向匡亚明校长打了一个报告，请示邀请一名苏联专家。他们还对邀请专家的类型进行了描述：

> 匡校长：
>
> 数学系微分方程及函数论教研室目前已开的专门化课程是"希氏空间"和"巴氏空间"，希望请苏联专家开设两个专门化课程。
>
> 我们所需要的专家是这样的：
>
> （一）专家所研究的学科——计算数学中的计算方法。
>
> （二）专家所属学派——最好是康托洛维奇学派（或列宁格勒学派）。
>
> 两年内的要求开设的专门化课程是：现代分析学中的近似方法、半序空间的理论及应用。
>
> 希望专家做的工作是：
>
> （1）帮助建立计算数学研究室（该研究室将于 1957 年建立）。
>
> （2）开设上列二门课程，对象包括研究生、助教、讲师等人（助教、讲师约有 10 人参加，研究生 5 人参加）。
>
> （3）与徐利治合作领导一个"近似方法"科学讨论班。
>
> （4）指导 2 名研究生。
>
> 希望专家来校的时间：1957 年 9 月。[172]

这份文件中虽然没有明确指出苏联专家的姓名，但实际上指的正是康托洛维奇的学生梅索夫斯基赫。

梅索夫斯基赫，1921 年出生，1938 年进入列宁格勒大学数学力学系学习，其中数学分析课就是由年轻的康托洛维奇教的。苏德战争期间梅索夫斯基赫参加了苏联红军，战争结束后回到列宁格勒大学学习，毕业后留校任教，并于 1947 年开始在康托洛维奇的指导下攻读研究生，1950 年研究生毕业后在数学分析教研室任助理教授。1951 年，数学力学系成立了计算数学教研室，梅索夫斯基赫调到了该室任副教授[①]。

东北人民大学在收到数学系的请示报告后非常重视，立即向高等教育部提交。1957 年初，高教部将东北人大的请示函上报至国务院。在上报国务院之前，高教部再次要求东北人大确认邀请专家的专长、所授课程是否与发展规划完全一致，以最大限度发挥专家讲学的作用。1957 年 4 月，国务院批准东北人大的请示，并通过外交部向苏联政府提出照会。1957 年 5 月，高教部向东北人大转来苏联方面发来的电报：

> "今年你校所聘苏联专家要带些什么资料来？速告。另请将今年聘专家的教研室情况作一介绍，包括成立时间、成员、实验室、资料室等于廿日前寄部。"[172]

收到电报后，徐利治详细撰写了一份回函，对数学分析教研室的成员、所开课程、组织的讨论班、图书资料设备概况做了一份详细的介绍，并特别回答了苏联方面携带资料的问题：专家自己的研究作品、研究手稿，专家同行（或友人们）研究论文的一些抽印本，近似方法方面讨论班用的参考资料，专家自己考虑要带的资料。

1957 年 8 月，高等教育部接到国务院外国专家局第 394 号文件，通知东北人大苏联方面已经答复，并附上了专家的信息——梅索夫斯基赫。1957 年 9 月 14 日，梅索夫斯基赫乘坐火车顺利到达长春。为了迎接苏联专家的到来，数学系成立了计算数学教研室，由王湘浩担任教研室主任，并从数学分析、函数论、微分方程教研室调入一批师资。1958 年，梅索夫斯基赫的夫人也来到长春，她被聘为东北人大俄语系的教师。

当时我国已经建立起一整套招待来华苏联专家的制度。梅索夫斯基赫到中国后受到了很好的接待，他的工资为 280 元[173]，当时中方人员的平均工资仅为几十元。苏联专家在华的清洁费、卧具费、医疗费由中方另付，不计在工资内。此外，苏联专家还有假期专门用于旅游……这些都说明中方对苏联专家的照顾是无微不至的，甚至可以说是宾至如归。

---

① http://spbu.ru/faces/medal/185-math/17069-mysovskih-ivan-petrovich.html.

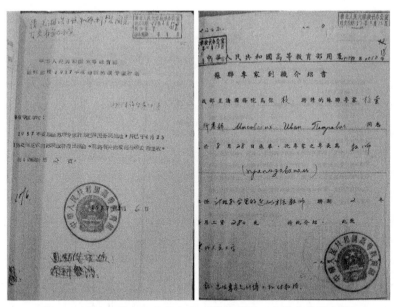

图 12　邀请苏联专家来华文件（图片来源：吉林大学档案馆）

5.2.4　计算数学师资培训班

为了迎接梅索夫斯基赫的到来，徐利治和数学系做了精心的准备，选派了青年教师李岳生和冯果忱去学习俄语，担任苏联专家的翻译。李岳生，1930 年出生，湖南桃江人，1954 年毕业于东北人大数学系。冯果忱，1935 年出生，辽宁昌图人，1956 年毕业于东北人大数学系。为了加强向苏联专家学习的力量，冯果忱提前一年毕业，担任徐利治的科研助手[174]。

从 1956 年下半年开始，李岳生和冯果忱开始到东北人大俄文系学习俄语。据冯果忱回忆，在东北人大俄语系培训俄语的除了李岳生和他外，还有其他系的人，原因可能是其他系也有邀请苏联专家。梅索夫斯基赫到达东北人大后用俄语授课，然后由李岳生和冯果忱翻译给听众。

就在梅索夫斯基赫到长春之前，徐利治被错划为"右派分子"。后经匡亚明校长极力争取，徐利治才能与梅索夫斯基赫一起工作，但很多核心工作都不能接触。为了加强向专家学习的力量，学校又将李荣华调到了这个方向。李荣华，湖南宜章人，1929 年出生，1954 年本科毕业后与伍卓群、李岳生等一起留校任教。在此之前，李荣华主要是跟随江泽坚学习泛函分析。对于放弃搞得很好的泛函分析而转学计算数学，李荣华颇有一些舍不得。但他服从组织，很快地进入到计算数学这一分支，并慢慢地喜欢上了这门学科[58]。

1957 年 12 月，李荣华从分析教研室调到计算数学教研室，任副主任。计算数学教研室是为了迎接苏联专家，更好地开展计算数学的教学而新成立的。按照道理，教研室的主任应该是徐利治，但由于"右派分子"要控制使用，最后只能由数学系主任王湘浩来兼任[175]。

为了最大限度地加强向专家学习的力量，高教部在聘请苏联专家的同时，还向全国部分高校发出了通知，要求他们选派教师到东北人大进修。就在苏联专家到达长春的同时，进修教师也分批到达了，所以培训班马上就开始了。最先到达的进修教师有北京大学的许卓群和徐萃微、兰州大学的王德人和林灿、复旦大学的蒋尔雄、武汉大学的康立山、郑州大学的阮师效、厦门大学杨春森、山东大学的杨培勤、云南大学的莫致中[176]。

东北人大跟随梅索夫斯基赫学习的主要是李荣华、李岳生和冯果忱三个人，他们的身份是苏联专家的研究生。此外，还有近似方法专门化的本科生、研究生以及其他教师，人数最多时大约有 50 人。后来又陆续来了一些进修教师，比如清华大学的李庆扬是 58 年 3 月份到的。

在培训班上，梅索夫斯基赫系统讲授了"计算方法"与"高等分析近似方法"等课程。在系统讲授这些课程的同时，他还组织了"计算机原理"、"积分方程数值解"、"解数学物理问题的变分法"和"解数学物理方程的差分方法"4 个讨论班。这些课程与讨论班极大地开阔了学员的眼界，为进一步掌握计算数学的近代成果，起了十分显著的作用。

关于计算方法课程的内容，我们可以从吉林大学计算数学教研室翻译的《计算方法》窥得端倪[177]。这本书翻译自梅索夫斯基赫学为培训班学员讲授"计算方法"课程时编写的讲义，内容涉及数值方程的解法、代数内插、积分的近似计算、常微分方程柯西问题的数值解法与线性代数计算方法五部分。在讲授方法及其理论的同时，梅索夫斯基赫还特别强调了方法的收敛性与收敛速度，近似解的误差估计等问题。

在李岳生、冯果忱、李荣华为《计算方法》撰写的"译者的话"中，他们特别强调了《计算方法》的内容主要是针对高年级本科生、研究生和教师讲授的，因此吉林大学计算数学培训班是带有研究生性质的。梅索夫斯基赫积极指导培训班的学员开展研究工作。1958—1959 年，《吉林大学自然科学学报》先后刊载了多篇梅索夫斯基赫、冯果忱、李荣华、李岳生等人的论文，内容涉及泛函方程、积分方程近似解法的研究。

培训班的其他学员收获也很大，这些学员学成后陆续回到了原单位，参与创办或发展计算数学专业。比如许卓群和徐萃微回到了北京大学，壮大了北京大学计算数学教研室的力量。李庆扬回到清华大学后，与赵访熊在工程力学数学系创建了计算数学专业。蒋尔雄回到复旦大学后，立即给学生开了"计算方法"和"数学物理方程中的变分方法"的课程。武汉大学的康立山回去后搞并行算法，在国内可以说是最早的。

梅索夫斯基赫还特别强调实习，为此培训班还特地向学校申请，从唐敖庆教授那里划拨了大约 20 台计算机。唐敖庆是与王湘浩等一同从北京到长春支援东北人大的，他的研究领域是理论化学，需要大量地搞计算，因此有一些计算机。数学系在得到这批计算机后，很快成立了一个实验室，安排了两个专门的实验员管理计算机实验室。

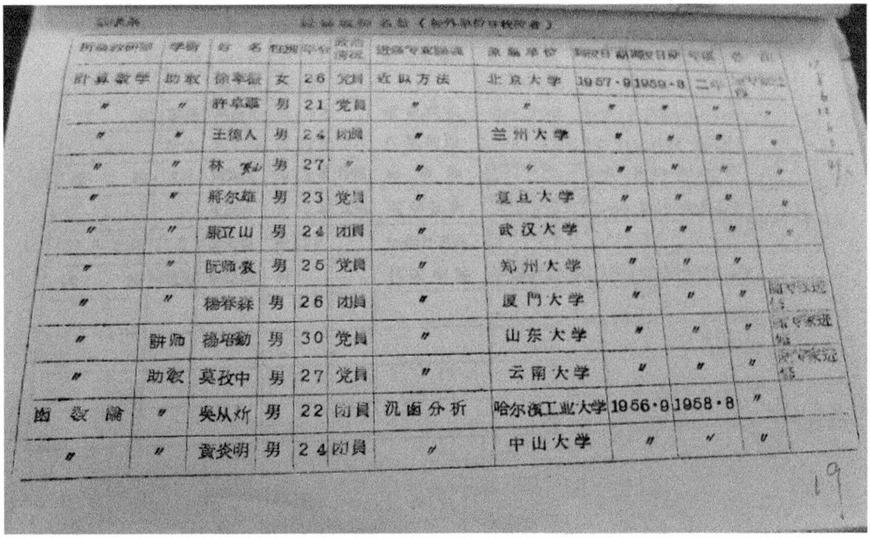

图 13　吉林大学计算数学师资培训班学员名单（图片来源：吉林大学档案馆）

在苏联专家梅索夫斯基赫的帮助下，数学系初步制定出开设计算数学专业的教学计划。1958 年 1 月，系主任王湘浩向学校打报告：

"我校数学系从 1956 年起即开始有意识地组织部分师资

力量，利用开选修课（近似方法）和讨论班（数值分析）等形式，为建立计算数学专业作了某些准备工作……去年暑假我们成立了计算数学教研室（现由系主任王湘浩兼任教研室主任），为本室成员（研究生、进修教师等）及高年级学生开设专业性课程二门：近似算方法（由苏联专家讲授），近似方法（又称泛函分析与应用数学，由徐利治讲授）……

我校数学系从 1956 年起即开始有意识地组织部分师资力量，利用开选修课（近似方法）和校讨论班（数值分析）等形式，为建立计算数学专业做了某些准备工作……

去年暑假我们成立了计算数学教研室（现由系主任王湘浩兼任教研室主任），为本室成员（研究生进修教师等）及高年级学生开设专业性课程二门：近似计算方法（由苏联专家讲授），近似方法（又称泛函分析与应用数学，由徐利治讲授）。有专题性的讨论班两个，一是"近似方法讨论班"，一是"计算机原理讨论班"。

根据以上的情况看来，我们认为从下学期（1958—1959年度）起，正式接受招生任务，建立计算数学专业，应该说是具备了条件的……去年年底以后，在苏联专家的帮助之下，我们初步完成了在本校建立数学专业的规划（草案）……

1958—1959 年度我系原订招生数字为 90 名。根据以上的考虑，我们希望领导上确定我系招收数学专业新生 60 名，计算数学专业新生 30 名，并列入全国招生计划之内。"[178]

学校在收到这份报告后迅速向高教部进行了汇报。1958 年，高教部批准东北人大成立计算数学专业，并在当年 7 月向招生委员会发布通知。该专业主要培养掌握现代数学知识和计算理论，能运用各种计算工具（包括快速电子计算机）研究改进计算方法，解决各种科学研究工作以及国民经济和国防部门提出的计算问题的人才。一、二年级的课程与数学专业相同，高年级的课程由计算数学教研室讲授，主要科目有：实变函数与逼近理论、初等分析中的近似方法、高等分析中的近似方法、计算机原理、无线电与电工技术、程序设计、计算数学实习。

在苏联专家的带领下，吉林大学计算数学教研室还确定了研究方向：微分方程数值解（直接方法、差分方法）、线性代数计算与积分方程数值解、程序设计与自动化，开始对伽辽金方法（Galerkin method）的误差估计、差分法的稳定性问题与用机械求积法解积分方程的误差估计等课题开展研究。与此同时，吉林大学计算数学教研室还积极与中国科学院机械研究所合作从事长江三峡水轮机自动调速系统稳定性的研究。

苏联专家梅索夫斯基赫的聘期原为两年，也就是 1959 年 8 月到期。然而在 1959 年春节期间，一件十分偶然的事情[179]，使得苏联专家不得不提前回国。1959 年 3 月 31 日，梅索夫斯基赫离开长春返回苏联，很多师生都去长春火车站送他。即使后来中苏交恶，双方仍保持着联系。1990 年，吉林大学再度邀请梅索夫斯基赫到中国来访问，很多当年的学员都来看他，这足以说明苏联专家与中国学员建立的感情是十分真挚的。

虽然苏联专家没能完成两年的聘期，但吉林大学数学系基本上达到了邀请专家来的目的。吉林大学数学系顺利地创建了计算数学这一学科，并将计算数学专业成立的时间从 1962 年提前到 1958 年。在很长的一段时间内，吉林大学引领着中国高等院校计算数学的发展。吉林大学计算数学在 1981 年被确定为全国首批具有博士学位授予权的学科点，1987 年成为首批国家重点学科。1989 年，计算数学专业的建设获得国家优秀教学成果特等奖。这些成绩与吉林大学较早建立计算数学专业有着密切的联系。

5.3　南京大学计算数学专业的创办

在吉林大学创办计算数学专业的同时，地处华东的南京大学也于同一时间创办了计算数学专业。这里首先简单介绍一下南京大学的历史。

南京大学的起源可以追溯到 1902 年的三江师范学堂。1905 年，三江师范学堂更名为两江师范学堂。1914 年，在两江师范学堂的原址上，新成立了南京高等师范学校，通常简称为"南京高师"或"南高"。1921 年，在南京高等师范学校的基础上，又筹建了国立东南大学。其后学校经历了易名风波，直到 1928 年定名为国立中央大学（简称中大）。由于中央大学与国民政府的关系密切，蒋介石还曾当过 18 个月的校长，因此，中央大学的办学规模不断扩大。抗战期间，中央大学排名全国第一，可以说是民国第一学府。1950 年中央大学改名为南京大学。1952

中国 计算数学的初创

年全国高等学校院系调整，南京大学的文、理、法三个学院与金陵大学的文理两个学院合并，校园自四牌楼迁到原金陵大学校址，组成了今天的南京大学①（简称南大）。

5.3.1 中央大学数学系概况

南京大学数学系的起源可以追溯到南京高等师范学校文理科的算学系。1919年，何鲁从法国留学回来后曾在南京高等师范学校教授数学。1921年，何鲁调任上海中法通商惠工学校，推荐同是留法出身的熊庆来接任。在熊庆来的主持下，南京高等师范学校创办了现代意义下的算学系。

在最初的一年内，熊庆来是系里唯一的专任教授，另外有一名兼职教授，还有一名助教孙光远，高深课程几乎由熊庆来一人担任[181]。这一情形与两年前姜立夫创办南开大学算学系时非常类似，后者曾被陈省身称为一人系。1922年，熊庆来聘请了段子燮 (调元) 任教，其后何鲁、周家澍、钱宝琮也先后到系工作。经过他们的苦心经营，东南大学算学系发展良好，培养出了胡坤陞、余介石、唐培经、周鸿经、陈传璋等一批优秀的学生。

1926年，熊庆来由南京北上清华任教，系主任由何鲁接任。1928年，清华学校易名为国立清华大学，熊庆来接替郑桐荪出任算学系主任。由于熊庆来的缘故，清华大学算学系与东南大学（中央大学）算学系的关系颇为密切，从 1926 年到 1929 年，胡坤陞、孙光远、周鸿经、唐培经等东南大学的毕业生先后到清华大学担任助教、教授与教员，清华大学算学系逐渐迎来了鼎盛时期。

孙光远，原名孙鏞，浙江余杭人，1920 年毕业于南京高师后留校担任助教。1925 年赴美留学，1928 年博士毕业于芝加哥大学，导师是莱恩（E. P. Lane）。孙光远是我国最早在国际数学杂志上发表论文的数学家之一，他关于射影微分几何的论文发表在美国《数学年刊》（*Annals of Mathematics*）。回国后孙光远任教于清华大学，是为数不多的坚持做研究的数学家之一[182]279−282。陈省身当年考取清华大学的研究生，目的之一就是为了跟孙光远做一些研究：

> "我去清华的另一个目的，是想跟孙光远先生做点研究。孙先生南京高等师范毕业，芝加哥大学博士，专攻投影微分几何学。他是当时中国数学家中唯一在国外发表论文的，也

---

① 这部分内容主要参考自 [180]。

是第一个中国数学家，在博士论文后继续写研究论文的。在他的指导下，我在一九三二年《清华理科报告》发表第一篇研究论文。以后又继续写了两篇这方面的论文，都发表在《日本东北数学杂志》。"[183]17-18

1933 年至 1934 年，孙光远与胡坤陞先后离开清华大学，返回中央大学数学系，分别担任系主任与教授。1935 年，孙光远出任中央大学理学院院长，数学系主任由胡坤陞继任。胡坤陞，1924 年毕业（肄业）于东南大学①，1926 年跟随熊庆来到清华任助教。胡坤陞 1929 年赴美留学，师从布里斯（G. A. Bliss, 1876—1951）学习变分法，1932 年获得芝加哥大学博士学位，他是我国第一个从事变分法研究的数学家[182]283-285。陈省身对胡坤陞同样印象深刻：

"一九三二年胡坤陞（旭之）先生来任专任讲师，胡先生专长变分学，他在芝加哥大学的博士论文是一篇难得的好论文。旭之先生沉默寡言，学问渊博，而名誉不及他的成就。他不久改任中央大学教授，近闻已作古人，深念这个不求闻达的纯粹学者。"[183]20

在孙光远与胡坤陞的带领下，中央大学数学系继续稳步发展。1936 年，周炜良自德国博士毕业后到中央大学数学系担任教授。至全面抗战前夕，国内数学系的实力以清华大学为第一，浙江大学为第二，中央大学隐约可以排到第三的位置②。全面抗战开始以后，数学系随中央大学搬迁至重庆沙坪坝松林坡继续办学（柏溪设有分校）。这一时期，周鸿经与唐培经从清华大学留英后先后回到了中央大学，数学系的实力进一步增强。

唐培经，1927 年毕业于东南大学算学系，先后在上海光华大学附中与金坛中学任教，并曾担任金坛中学的校长。1929 年，唐培经到清华大学担任教员。华罗庚能到清华，除了熊庆来、杨武之慧眼识才，跟唐培经也有很大关系。1934 年，唐培经到英国伦敦大学留学，与许宝騄一起学习统计学，1937 年获得统计学博士学位后回国，担任中央大学数学系教授，先后被任命为柏溪分校主任与中

---

① 现有传记资料多作胡坤陞 1924 年毕业于东南大学，但熊庆来在 1960 年《胡坤陞教授数学论文集》序中记载胡坤陞 1924 年肄业于东南大学。

② 见附录对徐家福教授的访谈。

央大学教务长，1948 年至 1949 年初出任教育部高等教育司（简称高教司）的司长。

周鸿经，1927 年毕业于东南大学算学系，先后在厦门大学与南京中学任教，1929 年到清华大学担任教员。1934 年，周鸿经受庚款资助到英国留学，在伦敦大学读硕士，主要从事函数论的研究，导师是 L. S. Bosanquet。周鸿经硕士答辩的主考是著名数学家哈代，哈代对周鸿经的工作非常赞赏，导师也建议他留下来继续攻读博士。本来周鸿经已经决定留下来了，这时抗日战争全面爆发，周鸿经报国心切提前回国，担任中央大学数学系的教授[182]286-289。

1941 年，周鸿经被校长顾孟余任命为中央大学训导长。1945 年，周鸿经出任教育部高教司的司长。1948 年，周鸿经又担任中央大学的教务长和校长。虽然他身兼数职，但没有放弃做学问。全面抗战期间，周鸿经是中央大学数学系为数不多的几个做研究的教授。而西南联大数学系的研究则异常活跃，陈省身、华罗庚、许宝騄等在比中央大学更加艰苦的条件下仍研究不辍，并且做出了极为出色的成果。因此虽然中央大学的整体实力要强于西南联大，但数学系与西南联大数学系的差距却逐渐拉大了。

抗日战争胜利以后，中央大学于 1946 年迁回南京。由于系主任胡坤陞是四川人，加之夫人有病在身，没有随中央大学返回南京，而是应重庆大学校长何鲁之邀在重庆大学数学系担任教授和系主任，中华人民共和国成立后又从重庆大学去了四川大学。胡坤陞离任后，中央大学数学系的主任由施祥林接任。

施祥林，上海崇明人。1927 年进入清华学校，先是在物理系学习，后转入数学系。1932 年进入清华研究院，跟随孙光远做研究生。孙光远在清华一共带了 3 个学生，第一是陈省身，第二是吴大任，第三则是施祥林。1936 年施祥林赴美留学，导师是惠特尼（H. Whitney, 1907—1989），1941 年获得哈佛大学博士学位，他关于 2 维流形映入空间的博士论文发表在《杜克数学杂志》（*Duke Mathematical Journal*）。1945 年回国后任中大数学系教授[184]181-184。

1949 年时，中央大学数学系的师资发生了较大的变动。数学系原有教授孙光远、施祥林、唐培经、周鸿经、管公度、曾鼎鈵等人。1949 年初，周鸿经自校长之位离职而去，唐培经则到美国爱荷华州立大学去任教。管公度以夫人在桂林的理由离开南京，随后从桂林去了台湾，出任省立台湾师范学院（今台湾师范大学）数学系主任。1949 年 8 月，曾鼎鈵北上天津，到北洋大学任教。中央大学数学系实力进一步削弱了。

5.3.2 曾远荣提议发展计算数学

由于不少教授离开，中央大学数学系于这一时期聘请了曾远荣到系任教。曾远荣，四川南溪人，1919 年进入清华学校，1927 年赴美留学。先后在芝加哥大学、普林斯顿大学与耶鲁大学学习，1933 年获得芝加哥大学博士学位。曾远荣是我国最早从事泛函分析研究的数学家，他在博士论文中提出了算子广义逆的概念，产生了重大影响，被国际上称为"曾逆"。曾远荣回国后曾在中央大学数学系短暂任教一年，1934 年后到西南联大、燕京大学与四川大学任教，并曾担任四川大学数学系主任与理学院院长。1950 年 2 月，曾远荣受聘为南京大学数学系教授[185]。

1951 年，系主任施祥林辞去了职务，数学系选举孙光远为主任。1952 年院系调整以后，金陵大学数学系并入南京大学，叶南薰、周伯薰等金陵大学数学教师的加盟，使得南京大学数学系的实力进一步增强。新的数学系仍以孙光远为主任，以叶南薰为副主任，徐家福为秘书，其中叶南薰还兼任了南京大学的总务长，数学系进入到一个新的发展时期。

从 1952 年开始，数学系以教学为第一要务，教学质量很高，其中以徐曼英为代表。徐曼英，1921 年进入南京高等师范学校，是东南大学算学系毕业的首位女学生。1933 年，徐曼英回母校中央大学数学系任教。抗战期间，中央大学在柏溪分校开设的微积分课程有 6 到 8 个班，师生一致认为徐曼英授课居冠，由此可知徐曼英教学之佳。后来曾担任南京大学党委书记的陆渝蓉回忆起 50 年代初求学南大时说道：

> "数学系孙光远教授为我们主讲"高等数学"，他讲课言简意赅，严密清晰，极限概念是高等数学中的难点，他短短一堂课就讲得明白透彻。徐曼英教授讲授"微分方程"，她条理分明，语言温和，娓娓道来，层层剖析，边讲还边观察学生的表情随时了解大家听懂没有，自己讲课效果如何，好像母亲牵着小辈走路要把握速度的快慢一样。"[186]

1953 年，高教部号召综合大学开展科研工作。搞研究首先需要明确方向，数学系很快确定了几个研究方向，并成立了相应的教研组（后改称教研室）。高等几何教研组中，孙光远负责射影几何，施祥林负责拓扑学，黄正中负责微分几何；函数论教研组由曾远荣负责，成员有何旭初、徐家福等；代数教研组中周伯薰负责代数，莫绍揆主攻数理逻辑；微分方程教研组有徐曼英、叶彦谦、王明淑等人，其中徐曼英负责常微分方程，叶彦谦与王明淑主攻偏微分方程[187]。

就在其他教研组逐步确定研究方向的同时，曾远荣负责的函数论教研组却遇到了一些麻烦。作为我国泛函分析研究的第一人，数学系自然希望他带领教研组成员学习与研究泛函分析，然而这一建议却遭到了曾远荣的拒绝。曾远荣认为泛函分析固然重要，但计算数学对国家建设的作用更为直接，提出了优先发展计算数学的建议[59]。这件事情持续了一个月，虽几经磋商，然意见未臻统一。

作为数学系的秘书，徐家福将此事汇报给了党委书记兼副校长孙叔平与科研处长吴衍庆。徐家福，1924年出生，江苏南京人，1944年考入中央大学理学院数学系，1948年毕业后留校任教。孙叔平接到反映后决定找曾远荣谈话，他和曾远荣谈了大约40分钟。谈完后孙叔平立刻给徐家福打电话说道："根据我们谈话的情况，我觉得曾先生的态度还是比较诚恳的，你们就听他的话吧！"因此，南京大学可以说是国内最早提出发展计算数学的高校之一。

5.3.3　计算数学专业的创办

从1953年开始，在曾远荣的带领下，何旭初与徐家福等人开始学习计算方法。何旭初，1921年出生，河南扶沟人，先后在航空机械学校、四川大学化验专修科、重庆兵工学校大学部应用化学系读书，后经在兵工学校兼课的周鸿经介绍到中央大学数学系二年级作插班生。何旭初的学习成绩非常优异，1946年毕业后留校任教，1952年院系调整后升为讲师。

1956年春，苏联召开"全苏泛函分析及其应用会议"，曾远荣作为中方的首席代表参加，在会上作了《逼真解与广义逆变换》的报告[188]。代表团成员还有中国科学院的田方增与东北人民大学的徐利治，他们都是当年曾远荣在西南联大时期的学生。回国后，曾远荣参加了国务院《十二年科技规划》中"数学与计算技术"的规划制定，进一步坚定了发展计算数学的决心。这一年曾远荣被确定为一级教授，他是南京大学数学系唯一的一级教授，这个荣誉是非常高的，当时整个南京大学也才仅有5个一级教授。

《十二年科技规划》的制定与实施，对计算数学在中国的创建与发展产生了巨大的推动作用。南京大学决定派徐家福去苏联进修，向系里和函数论教研组征求建议，又是曾远荣力排众议，坚持徐家福学习程序设计。徐家福认为自己的计算方法已经学了一段时间，现在反而要去读没有任何基础的程序设计，思想一时难以转过来，但最终还是听从了曾远荣的建议。徐家福首先在南京大学脱产学习了一年的俄语，1957 年 8 月到莫斯科大学进修程序设计。

徐家福在莫斯科大学的导师是舒拉-布拉，他是苏联程序设计的鼻祖。直到这时，徐家福才意识到曾远荣的话是对的。因为计算方法当时国内已有不少人在研究，程序设计则完全是空白，正是需要向苏联学习的方向。曾远荣不仅认定了计算数学这门学科，还看准了程序设计这个方向。曾远荣的这一决定，使得徐家福成为国内最早开展程序设计的三位人员之一（另外两人是北京大学的杨芙清与中国科学院的许孔时）。

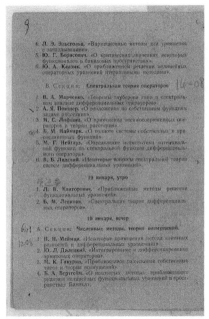

图 14　曾远荣在全苏泛函分析会议日程上签名（图片来源：中科院数学院档案室）

当时在莫斯科大学学习计算数学的除了徐家福以外，还有北京大学的杨芙清、吴文达，北京师范大学的袁兆鼎，兰州大学的唐珍，苏州师范学院的苏煜城。其中徐家福与杨芙清、唐珍学习程序设计，导师同为舒拉-布拉。吴文达、袁兆鼎与苏煜城学习计算方法，导师为刘斯切尔尼克。

徐家福在苏联学习程序设计的同时，何旭初一直在自学计算方法。这一时期，何旭初、徐家福与郑维行、唐述钊一起翻译了苏联数学家纳唐松（I. P. Natanson,

中国计算数学的初创

1906—1964）的《函数构造论》，内容涉及最佳一致逼近、平方逼近及矩量问题、内插法与机械求积等。曾远荣、何旭初还在数学系开设了计算方法的课程，并于1956 年在数学专业内首次开设了近似方法引论专门化[189]。

经过函数论教研组的积极准备，数学系以莫斯科大学计算数学教研室为参考，积极培养相关师资、开设相关课程，初步制定了计算数学专业的教学计划：大学一、二年级开设课程与数学专业相同，三年级起开设《计算方法》、《数学机器与仪器》和《电子学与无线电学》三门课程，四年级开设《程序设计》、《数学物理直接方法》、《运算微机》和《线性代数计算方法》专门化课程，并辅以一些电子计算机实习上机课程。

1958 年到来的理论联系实际的争论，使得我国纯粹数学的发展受到打击，计算数学由于属于应用数学的范畴反而得到了进一步的发展。1958 年 4 月 16 日，南京大学向教育部提出了成立计算数学专业的申请。5 月 29 日，教育部正式批复南京大学成立计算数学专业，当年即开始招生，由数学专业（原计划招收 120 人）分出 30 个名额到计算数学专业[190]！

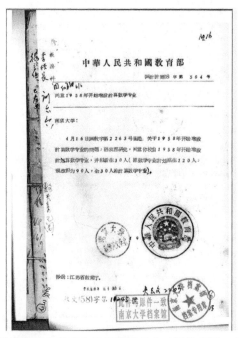

图 15　教育部批复南京大学成立计算数学专业（图片来源：南京大学档案馆）

南京大学计算数学专业成立以后，由函数论教研室抽调一部分教师组建了计算数学教研室，其中曾远荣仍留在函数论教研室担任主任。计算数学教研室以何旭初为主任，主要负责计算方法；徐家福为副主任，主要负责程序设计[191]。1960年，苏煜城从苏联获得副博士学位，1962年调入南京大学计算数学教研室。紧接着，留德多年的包雪松也来到计算数学教研室，南京大学计算数学专业的实力进一步加强。

在南京大学计算数学教研室中，何旭初是一位灵魂人物。"文化大革命"结束以后，为了缓解当时国内高校计算数学教材不足的局面，他主编了一套"计算数学"丛书，对高等院校计算数学的教学产生了很大影响。为了给高校计算数学的研究人员提供发表论文的阵地，他又创办了《高等学校计算数学学报》。南京大学计算数学所获得的声望，主要是由何旭初及其带领的团队带来的。丁玖教授在《纪念何旭初先生》中曾谈道：

> "我1982年2月至1984年7月跟随何先生读硕士研究生。当时的南大数学系计算数学专业人才济济，一大群中青年学术骨干围绕在何先生周围。尤其是他挂帅的数值代数与最优化方向，更是执国内同学科之牛耳。"[192]

徐家福后来转入计算机系，1981年成为我国最早的两位计算机软件博士生导师（另一人为吉林大学王湘浩）。他是著名的计算机科学与计算机软件学家，为我国培养出了第一位软件学博士。与北京大学、吉林大学一样，南京大学计算数学专业也为计算机学科的发展做出了贡献。

南京大学数学系于1953年确定了计算数学为主要发展方向，1956年开设了计算方法专门化课程，1958年成立了计算数学教研室，正式创办了计算数学专业。南京大学计算数学专业为祖国的发展培养了大批人才，在中国计算数学的发展史上写下了光辉的一笔。

5.4　其他院校计算数学的创建概况

除了以北京大学、吉林大学与南京大学为代表的综合性大学创办了计算数学专业以外，以清华大学为代表的多科性工科大学、新型理工结合性大学——中国科学技术大学也创办了计算数学专业或开设了计算数学专门化，现简单介绍之。

5.4.1　清华大学工程力学数学系计算数学专业

清华大学有着悠久的数学教育传统。1927 年，清华大学设立算学系，后改称数学系。在郑之蕃、熊庆来、杨武之的主持下，清华大学数学系稳步发展，在全面抗战前异军突起。1938 年至 1946 年，清华大学数学系与北京大学、南开大学的数学系在昆明合组为西南联大数学系，华罗庚与陈省身的加盟使得清华数学系的实力进一步增强。1946 年复员北京后，由于教师缺乏和社会因素的影响，清华大学数学系的实力有所减弱。随着闵嗣鹤、程民德的加入，数学系的师资在 1950 年后逐渐得到恢复。

1952 年院系调整以后，清华大学数学系的师资大部分调往北京大学，少部分调往中国科学院数学研究所与其他院校。清华大学成立了（高等）数学教研组，以赵访熊为主任。虽然数学教研组有不少教师，但教授只有赵访熊一人。由于数学系的建制不复存在，而数学教研组只为其他系开设高等数学课程，不能招收本科生，清华大学的数学人才培养由此中断。

1955 年起，随着世界科学技术的迅猛发展，基于我国社会主义建设对人才的需求，清华大学决定成立一批新的院系和专业，以发展应用类型的理科。在《十二年科技规划》的推动下，赵访熊与数学教研组抓住这次宝贵的机会，立即确定发展计算数学，并专门派赵访熊到苏联列宁格勒大学和莫斯科大学进修计算数学，还派青年教师李庆扬到吉林大学进修，听苏联专家梅索夫斯基赫讲授"计算方法"等课程（见 5.2 节），为计算数学专业的成立做准备。

1958 年，清华大学设立工程力学数学系，以张维为主任，赵访熊等为副主任。工程力学数学系下设 3 个专业：固体力学、流体力学、计算数学。计算数学专业由赵访熊负责，成员有李庆扬、孙永强、吴剑龙 3 位年轻教师，1958 年底又聘用刚毕业于北京大学的吴家勖。该专业成立后，开设了数学基础课与计算数学专业课和专门化课程[193]。

清华大学的计算数学专业是四个年级同时开办：一年级是当年全国统招入学的新生，组成数 4 班。二、三、四年级从全校各系工程类专业抽调了八九十名学生分别组成数 2 班、数 1 班和数 0 班，四个班共 143 名学生[194]。从 1958 年到 1979 年，清华大学工程力学数学系计算数学专业共培养毕业生 557 人，为中国培养了大量的计算数学人才[195]。

工程力学数学系计算数学专业在清华大学计算机与软件学科的发展过程中起到了一定的作用。但更重要的是为清华大学保留了数学教育的火种。1979 年，清华大学正式恢复数学学科，成立应用数学系。1981年，应用数学系获得全国首批博士学位授予权（计算数学），赵访熊被聘为博士生导师。计算数学专业为清华大学数学学科的恢复和发展做出了重大贡献。

5.4.2　中国科学技术大学计算数学专门化

为了更多地培养国家急需的尖端科学人才，解决在接受高等院校毕业生方面数量不足、质量不高的劣势，更快地完成《十二年科技规划》与"四项紧急措施"制定的各项任务，中国科学院参照苏联科学院西伯利亚分院与基于"所与专业结合"即将建立的新西伯利亚大学，于1958年创办了一所新型理工结合的大学——中国科学技术大学（简称"中科大"或"科大"）[196]。

中科大的办学方针是"全院办校，所系结合"。建校之初共设置了13个系，其中第11系为应用数学和计算技术系，系主任由华罗庚担任，副系主任为阎沛霖。仅从系名与主任人选来看，即可看出该系由数学所与计算所合建，设有应用数学、电子计算机与工程逻辑三个专业。应用数学专业的学生前三年学习基础课，华罗庚、关肇直与吴文俊分别负责1958、1959与1960级的基础课，这就是中国数学界著名的三龙：华龙、关龙与吴龙。

表4　1958级、1959级与1960级三届学生开设的专门化与指导教师名单

年级	专门化名称（指导教师）
1958级	计算数学（冯康，石钟慈），偏微分方程（吴新谋，丁夏畦，王光寅）
	运筹学（许国志，越民义），数理逻辑（胡世华），计算机（夏培肃）
1959级	计算数学（冯康，石钟慈）
	概率统计（王寿仁，张里千，陈希孺），现代控制论（关肇直，宋健）
	数论和代数（华罗庚，万哲先，王元），物理数学（张宗燧，田方增）
1960级	计算数学（冯康，石钟慈），几何拓扑（吴文俊，岳景中，李培信）
	微分方程（吴新谋，秦元勋，丁夏畦，王光寅），运筹学（许国志，越民义）

三年基础课结束以后是两年的专门化课程，其中最主要的专门化是计算数学，每一年都要开设，而且招收的学生人数最多；其他专门化则偶尔开设，选择的人数较少（见表4）[197]。1961年，应用数学系成立了计算数学、运筹学与微分方程教研室。为了开展计算数学专门化的教学工作，冯康根据他对计算数学学科发展的思路，确定了以数值解法为主线的教学大纲，并据此安排课程和编写教材。为此，他在三室成立了一个专门小组为科大编写教材，黄鸿慈与石钟慈是该小组的首批成员，随后，张关泉、邬华谟和秦孟兆等也加入了这一小组，阵容可以说是

非常强大的。

　　鉴于中科大应用数学系缺乏计算数学方面的专职教师，冯康开始动员三室的部分研究人员到中科大工作。石钟慈 1960 年从苏联回国后在三室从事研究工作，同时到科大兼职教课。在冯康的建议下，石钟慈于 1965 年正式调入中科大计算数学教研室。参加计算数学教学的还有黄鸿慈、李家楷、罗晓沛、王亨慈等。三室与计算数学专门化"室化结合"，取得了良好的效果，既助力了三室的研究，又培养了一批计算数学人才。1984 年，中科大计算数学学科获得博士学位授予权。如今，计算数学是中科大数学科学学院的优势学科之一。

第6章
结语

中国古代数学有着悠久的历史与辉煌的成就,但未能发展为现代数学。从 17 世纪初到 19 世纪末,西方数学在中国进行了一些传播,但总体效果十分有限。19 世纪数学的一个显著特点是纯粹数学的兴起,并在 20 世纪上半叶占据了数学的主流。20 世纪初,通过选派留学生、兴办高等数学教育、倡导数学研究,到 20 世纪三四十年代中国已成功引入了纯粹数学的绝大多数分支。

20 世纪 40 年代以来,以二战为一道分水岭,数学以空前的深度与广度向其他科技领域渗透,特别是电子计算机的发明,使得现代应用数学开始形成并蓬勃发展。然而这一时期正是哈代与布尔巴基大行其道的时代,他们的著述与理念是如此有影响,以致类似于"应用数学是最差的数学"和"最好的应用数学是纯粹数学"的观点与看法深入广大数学家的心田。

因此,应用数学在一些国家的肇始时期,时常遇到一些来自学科内部的困难。这方面的典型案例有美国,以致拉克斯后来一度对此很有意见。当然,外部的社会条件与需求同样也影响了应用数学的发展。中国数学家华罗庚在全面抗战期间,发现数学能为战争有所贡献后,他对数学的认识有了很大的转变,随后他积极搜集资料,强调数值计算与机器计算的重要性,并向国民政府当局部门提出了重要建议。

由于华罗庚的资历在当时尚属年轻,加之数学界对计算机及其应用的看法不一,再加上当时的社会环境,他所提的发展计算机的建议最终搁浅。尽管如此,华罗庚始终对机器计算保持关注。访问苏联和美国期间,华罗庚积极进行学术研究,他的学术能力和地位有了很大的提升,但对计算机却念念不忘,时刻注意考察这一新兴领域的最新进展。毫无疑问,华罗庚是我国提倡发展计算机与计算数学的先驱。

中华人民共和国成立后,国内终于获得了和平稳定的环境,华罗庚也迎来了施展个人抱负的机会。在担任中国科学院数学研究所所长初期,华罗庚率先在数学所组织了一个电子计算机科研小组,对电子计算机进行了初步的预研究,后由于客观条件限制，该小组调离数学所。

在举国学习苏联的大背景下，中国数学界也开始向苏联学习，关注应用数学的发展，并将计算数学列为重点发展的学科之一。中科院数学所率先成立了计算数学小组，高等院校数学系也开始组织相关人员学习计算数学，这些单位之间还自发地组织了讨论班。从 1955 年开始，中国科学院开始制定两个长期规划。数学所与高等院校的数学系密切合作，顺利地完成了数学规划的制定，计算数学均被列为重点发展的学科。

经过几年来的学习与讨论，中国数学家们逐渐弄清了计算数学的内涵与外延。至此，中国数学家们开始将注意力集中在计算数学。他们已能区分出"计算数学"与计算机的区别，这里"计算数学"的观念较为广泛与模糊，机器翻译与证明等学科分支也包含在内。

1956 年，为了配合大规模的国防与经济建设，中央人民政府提出向科学进军，开始制定《十二年科技规划》。由于这项规划是以任务带学科，计算数学与计算机最终统一在计算技术的名下，被纳入到《计算技术规划》。中国数学家与计算机、电子学等方面的诸多专家共同组成了规划委员会，由华罗庚任组长，他为规划的制定确定了"先集中、后分散"的原则，意义重大。

《计算技术规划》是中国创建计算技术机构的纲领性文件。这份规划对计算技术的研究机构与教学专业、人才培养都做了详细的方案。在规划的指导下，中国科学院成立了计算技术研究所筹备委员会，由华罗庚担任主任。华罗庚为计算所的筹建付出了很多心血，但由于一些复杂的原因，华罗庚最终离开了计算所的筹备工作，但他作为中国计算事业的主要奠基人将永载史册。

计算所筹委会下设 3 个研究室，其中第三研究室为计算数学研究室。在中国数学家之前所做的规划中，这个机构应该隶属于数学所或者独立为计算中心。三室设在计算所内主要是参考了苏联的经验，同时也考虑到中国的实际情况——电子计算机研制成功后三室可以就近使用。这种设计使得发展计算数学的重担从数学所逐渐过渡到计算所三室。好在计算所与数学所同在一个楼内办公，三室与数学所的交流十分方便。

从学科性质来看，计算数学主要研究连续数学的问题，本质上属于数学。计算机处理的主要是离散问题，因此三室回归数学所势在必行。1978 年，三室独立为计算中心。1995 年，计算中心科学与工程计算部组建为计算数学所，1998 年计算数学所并入数学与系统科学研究院，实现了中国数学家最开始关于计算数学机构的设想与定位。国际上也存在着类似的情形，20 世纪五六十年代国外很多大学开始组建计算机系，负责人大多是计算数学家。而过了两代人之后，这些计算数学家多数又回到了数学系。由此可见中国的这种情况并非个例。

表 5   中国科学院计算数学机构的演变

中国科学院	计算机科研小组	计算数学小组	计算数学研究室
依托单位	数学研究所	数学研究所	计算技术研究所
主要负责人	闵乃大	闵乃大	徐献瑜
组建时间	1953	1954	1956
主要成员	夏培肃	关肇直	冯康

三室在组建初期通过组织计算数学训练班，邀请苏联专家斯梅格列夫斯基讲学，以及使用电动与电子计算机解决各类实际问题，为中国带出了第一支从事科学与工程计算的专业队伍。这里特别值得一提的是冯康，他在 1957 年由数学所调入三室工作。由于他同时具备工程、物理与数学的功底，很快成为三室的骨干。60 年代初，冯康团队独立于西方发现了有限元方法，并奠定了该方法的数学基础，这是中国计算数学在创建时期取得的一项重大成就。

与此同时，高等院校也开始创办计算数学专业，培养计算数学人才。院系调整以后，高等教育在学制上突出了专业的重要性。计算数学作为一个专业的确定，使得其在中国成为一个并列于纯粹数学的二级学科。而与之对比的是，在一系列规划中与计算数学同样重点发展的微分方程则没有获得这种地位。需要注意的是，一些院校被规划选中开设计算数学专业，与它们积极主动筹划发展计算数学有很大的关系，并非规划的指派或随机选择。为了尽快培养人才，计算数学专业获批以后往往是多个年级一起开办，一年级为高考填报志愿时选择计算数学专业的高中毕业生，高年级则从数学或其他相关专业调一部分学生到计算数学专业。

高等院校数学系中基本的教学单位是教研室，具体负责专业和专门化的开设情况。创办计算数学专业的流程大体如下：首先在数学专业内开设与计算数学相关的专门化，成立计算数学教研室，然后在此基础上制定出计算数学专业的教学大纲与培养计划，继而向教育部申请成立计算数学专业，待正式批复后再将原先在数学专业内成立的计算数学专门化和教研室转移到计算数学专业。本书选择计算数学教研室、计算数学专门化与计算数学专业的创办时间三个指标，对部分高校进行了考证。

1952 年院系调整以后，北京大学成为中国数学实力最强的高校，最早创办计

中国计算数学的初创

算数学专业可以说是实至名归。北京大学在 1955 年组建了计算数学教研室，1956 年在数学专业内开设了计算数学专门化课程，同年计算数学专业获批。纵观北京大学计算数学专业的创建过程，与中国科学院数学研究所、计算技术研究所筹委会有着明显的合作或配合关系。例如北京大学计算数学教研室主任徐献瑜同时还兼任了计算所三室的主任，计算所筹委会组织的首届计算数学训练班，其中有很多学员是北京大学 1957 年计算数学专门化方向的毕业生，这些人在毕业后有相当一部分被分配到计算所筹委会工作。

表 6　高等院校数学系计算数学专业的创办

高等院校	北京大学	吉林大学	南京大学
主要负责人	徐献瑜、胡祖炽	徐利治、王湘浩	曾远荣、何旭初
计算数学专门化	1956	1956	1956
计算数学专业	1956	1958	1958
计算数学教研室	1955	1957	1953(1958)

吉林大学数学系创建于 1952 年，与国内其他综合性大学的数学系相比，底蕴不足、师资缺乏，发展计算数学的重任似乎很难落到该校。然而在徐利治教授的高瞻远瞩之下，数学系于 1955 年决定创办计算数学专业，1956 年开设了计算方法专门化课程。利用参加全苏泛函分析会议的机会，徐利治成功邀请到苏联专家梅索夫斯基赫来讲学。为了迎接苏联专家的到来，数学系于 1957 年组建了计算数学教研室，并面向全国组织了计算数学师资培训班，使得吉大成为中国计算数学的发源地之一。1958 年，吉林大学计算数学专业正式获批。

需要特别强调的是，苏联对计算数学在中国的初创提供了很大的帮助。中国科学家多次到苏联调研，了解苏联科学的发展。特别是详细参观了苏联计算数学的研究机构与教学单位，仔细考察了他们的培养计划与教学大纲。中国在 50 年代向苏联派出了大量的留学生，其中有相当一部分学习计算数学，如袁兆鼎是最早到苏联学习计算数学的中国留学生。苏联还向中国派出了多位专家：潘诺夫、斯梅格列夫斯基、梅索夫斯基赫等。因此，计算数学在中国的创建可以视为苏联计算数学向中国的传入。

南京大学与北京大学、吉林大学的情形有所不同。北京大学和吉林大学地处北京和东北，通过与科学院合作、邀请苏联专家讲学来创办计算数学专业，南京大学则立足于自身，从函数论的角度切入到计算数学这一方向，1956 年首先开设计算方法专门化。在这个过程中，曾远荣做出了重大贡献。1958 年，南京大学数学系组建计算数学教研室，并正式创办计算数学专业，形成了与北京大学、吉林大学三足鼎立的状态。由于三所高校都是文理性质的综合性大学，计算数学专业还部分承担着发展计算机学科的重任。

除了综合性大学的数学系外，以工科为主的清华大学等院校也创办了计算数学专业。1958年，清华大学工程力学数学系成立，计算数学是其中的3个专业之一，负责人为赵访熊。这个专业除了培养了大量人才之外，更重要的在于为工科大学找到了一条开办数学教育的途径。同年成立的新型理工类院校——中国科学技术大学，在应用数学系设立了应用数学专业，其中基础数学课主要由数学所负责，计算数学专门化则主要由三室负责，充分体现出所系、所与专业和专门化结合的特点。

值得注意的是，除了北京大学以外，吉林大学、南京大学、清华大学的计算数学专业，以及中国科学技术大学的应用数学专业均成立于1958年，这显然不是某种巧合。这一年，中国数学界爆发了理论联系实际的运动，纯粹数学遭到批判甚至一度到了取消的地步，计算数学专业被认为可以联系实际得到了教育部门的快速批复。

中国计算数学工作者这一时期在研究上也取得了初步的成果。比如赵访熊在代数方程的数值解法、袁兆鼎在微分方程初值问题的数值解法上取得了一定的成就。更重要地，计算数学工作者为国家的国防与经济建设解决了很多实际问题，对国家的现代化助益甚大，这是论文无法直观体现的。而且随着计算数学研究机构与教学创建的初步完成，中国计算数学家取得更大的成就有了进一步的保证。

需要指出的是，这一时期计算数学在中国只是完成了机构与专业的创办，其在中国的发展尚需进一步的建制化。比如早期的中国计算数学工作者主要参加计算技术方面的经验交流会，也参加中国数学会的一些学术会议，但并没有自己的学会组织。1978年，三室独立为计算中心，中国计算数学学会也于同年正式成立。这可以看作计算数学在中国发展的第二个里程碑。

当然，计算数学在中国初创时期也有深刻的教训。由于过于强调理论联系实际，纯粹数学很多分支的发展都被迫停止。实践证明，这种以损失纯粹数学为代价来发展应用数学的方式不可取。此外，在具体计算中重实践、轻理论，没有正规的研究生制度予以配合，这些都制约着计算数学在中国初创时期的发展水平。

计算数学是一个广阔的研究领域，其在现代中国的发展历程更是波澜壮阔。

中国计算数学的初创

由于计算数学的专业性与深刻性，笔者只能从机构史的角度对计算数学在中国的创建进行梳理与总结。计算数学在中国从空白起步开始创建，如今已发展成为欣欣向荣的局面。在本书的写作过程中，笔者多次被中国数学家艰苦创业的爱国精神深深打动，谨以此书表达对华罗庚、关肇直、冯康、徐献瑜、王湘浩、徐利治、曾远荣等数学家们的崇敬与怀念。

附录
计算数学在中国专题访谈

　　口述历史是历史学研究特别是现代史研究经常采用的方法,其功用、价值、方法和局限性都很明显。虽然口述史研究在理论层面仍不完善,但随着史学观念的转变,在以挖掘和抢救史料为急务的目标下,科学史领域开始大量使用口述史的研究方法。可以说,当代中国口述科学史研究可谓热火朝天。

　　目前学术界关于中国数学家的口述史研究已取得了一系列的重要成果,特别是对吴文俊、徐利治与丁石孙等人,出现了专著体量的访谈。与此同时,还有大量的关于其他数学家的访谈文章。上述访谈有一个共同特点,被访谈者大都是纯粹数学家,这显示出现当代数学口述史仍首先关注纯粹数学。除此以外,这些访谈多侧重于对个人经历的论述,没有聚焦于一个主题。

　　而与之对比的是,美国工业与应用数学学会(SIAM)对计算数学的口述史采集十分丰沛,其历史工程(history project)采访了大量的应用数学与计算数学家,其中不乏重量级的学者,他们是

　　Saul Abarbanel, Thomas J. Aird, Friedrich (Fritz) L. Bauer, John Butcher, Bill Buzbee, W. J. Cody, Philip J. Davis, Jack J. Dongarra, Augustin Dubrulle, Iain S. Duff, Albert M. Erisman, Brian Ford, Phyllis Fox, Walter Gautschi, Paul Garabedian, C.W. Gear, 戈卢布, Gaston Gonnet, David Gottlieb, Bertil Gustafsson, Alan C. Hindmarsh, Eugene Isaacson, Charles Johnson, William M. Kahan, Charles L. Lawson, 拉克斯, Cleve Moler, Seymour Parter, James C.T. Pool, Michael J. D. Powell, Alfio Quarteroni, Anthony Ralston, John R. Rice, Frank Stenger, Hans J. Stetter, G.W. "Pete" Stewart, Paul N. Swarztrauber, Joseph F Traub, 威尔金森

中国计算数学的初创

（James H. Wilkinson），Heinz Zemanek[①].

比如戈卢布（1932—2007）是著名的数值分析学家，美国科学院与工程院双料院士，曾担任美国工业与应用数学学会主席。拉克斯是沃尔夫数学奖、阿贝尔奖得主，曾担任美国数学会会长、纽约大学库朗数学研究所所长，对纯粹数学与应用数学都有很重要的贡献。威尔金森（1919—1986）是图灵奖得主，在数值线性代数领域成就卓著，是英国皇家学会院士。

本附录是对计算数学在中国的创建进行的专题性群体访谈。幸运的是，笔者得到了中国数学界与数学家的广泛支持。在汤涛院士、王学锋教授与何炳生教授以及其他很多人的帮助下，笔者有幸采访到了一些相关的数学家或计算机学家，并陆续完成了以下访谈：

（1）黄鸿慈访谈录：计算数学在中国

（2）石钟慈访谈录：学习与研究计算数学的人和事

（3）杨芙清访谈录：中国第一个计算数学研究生

（4）滕振寰访谈录：从偏微分方程到计算数学

（5）李荣华、冯果忱访谈录：回顾吉林大学早期的计算数学专业

（6）徐家福、苏煜城访谈录：南京大学计算数学专业的创办

既然是群体性访谈，那就需要做一些说明和导读。受访者主要是 20 世纪 50 年代计算数学在中国创建之际，学习或改学计算数学的年轻数学工作者，他们后来在学术研究上作出了突出的贡献，是各自单位的学术带头人，其中杨芙清与石钟慈在 1991 年当选为中国科学院院士。他们大都经历丰富，部分人还曾担任过一些机构的负责人，见证了计算数学在中国的发展历程。

随着时间的流逝，20 世纪的第一个十年出生的中国数学家几乎已经全部去世。本附录收集的 6 篇访谈共涉及 8 人，其中徐家福、苏煜城、李荣华出生于 20 世纪 20 年代，杨芙清、石钟慈、冯果忱、黄鸿慈、滕振寰出生于 20 世纪 30 年代。令人遗憾的是，截至 2020 年 12 月，滕振寰、冯果忱与徐家福教授已先后去世，笔者在这里对他们的离世表示沉痛哀悼，而他们的访谈录则愈加珍贵。

访谈的主要内容是中国计算数学的人和事。笔者从他们的学习与研究经历切入，逐渐触及与他们相关的机构或专业的建立和发展，以及有密切关系的人和事。其中黄鸿慈与石钟慈主要是在中国科学院计算技术研究所三室与中国科学技术大

---

① SIAM. The History of Numercial Analysis and Scientific Computing[EB/OL]. http://history.siam.org/oralhistories.htm.

学的数学系工作，他们均与冯康有密切的关联。众所周知，冯康是有限元方法的独立发现者之一，是中国计算数学的开拓者与奠基人。

表 7　受访者概况

受访者	出生年份	工作单位	导师	学术方向
黄鸿慈	1936	中国科学院	冯康	计算方法
石钟慈	1933	中国科学院	尼考尔斯基	函数论
		中国科学技术大学	阿勃拉莫夫	计算方法
杨芙清	1932	北京大学	徐献瑜	计算方法
			舒拉–布拉	程序设计
滕振寰	1937	北京大学	周毓麟	偏微分方程
李荣华	1929	吉林大学	江泽坚	泛函分析
			梅索夫斯基赫	计算方法
冯果忱	1935	吉林大学	徐利治	计算方法
			梅索夫斯基赫	计算方法
徐家福	1924	南京大学	舒拉–布拉	程序设计
苏煜城	1927	江苏师范学院	刘斯切尔尼克	计算方法
		南京大学		

　　杨芙清与滕振寰先后在北京大学的计算数学专业工作，受到了徐献瑜、舒拉–布拉、周毓麟与程民德的影响，见证了北京大学计算数学的变迁。李荣华与冯果忱是吉林大学计算数学专业的创始成员，受教于王湘浩、徐利治、江泽坚与梅索夫斯基赫，开创了吉林大学计算数学的大好局面。徐家福、何旭初等在曾远荣的带领下，完成了南京大学计算数学专业的创办，功莫大焉。

　　上述访谈有部分内容曾发表在科学史与数学文化相关的杂志上，还有一些访谈完成后从未公开过。现将这些文章集结在一起，拼接受访人的经历与故事，以期构成一幅计算数学在中国创建与发展的历史画卷。更重要地，这些口述资料可以相互补充，再加上一些原始档案的印证，可以极大地增强可信度。

　　从受访人所涉及的学术方向来看，杨芙清与徐家福学的是程序设计。改革开放以后，他们陆续从数学系调出，到计算机系工作，成为中国计算机硬件与软件方向的开拓者。由此可见，计算数学在中国创建的影响绝不限于数学领域之内，对中国计算机学科的发展也有很大的推动。

　　数学的发展有其内在的动力，同时又受到社会条件的推动或制约。综观 8 位受访人，他们都是在中华人民共和国大力发展应用科学的背景下，在一些数学家的影响、动员下学习或改学计算数学的，他们都无条件地接受了安排，投入到中国计算数学的开拓当中，这也是那一代中国数学工作者的骄傲。正是在他们的努力下，计算数学才能短期内在中国完成初创。

从访谈中我们还可以看出，计算数学在中国的创建与苏联有很大的关系。受意识形态与世界格局的影响，中华人民共和国的主要学术交流方向是社会主义国家，特别是苏联。石钟慈、杨芙清、徐家福、苏煜城都有留学苏联的经历，石钟慈与苏煜城都是到苏联攻读研究生，杨芙清与徐家福则是到苏联进修，其中杨芙清甚至两次赴苏，第二次在苏联杜勃纳联合原子核物理研究所工作。李荣华、冯果忱有直接跟随苏联专家学习的经历，他们在吉林大学跟随苏联专家梅索夫斯基赫攻读研究生。

黄鸿慈与滕振寰虽然没有留学苏联或向苏联专家直接学习，但他们仍与苏联数学有一定的渊源。黄鸿慈受冯康影响很大，滕振寰曾跟随周毓麟学习，而冯康与周毓麟都曾留学苏联。这足以显示出 20 世纪 50 年代的中苏数学特别是计算数学的交流，主要是以苏联向中国进行传播和转移的形态出现的。

最后需要说明的是，由于各种条件的制约，附录中所收录的采访无论如何是不完全、不充分的，肯定遗漏了相当多的重要人物。笔者希望感兴趣的当事人如果有任何相关的信息可以提供，欢迎随时发电子邮件（电子邮箱：mbokey@126.com）。如愿意接受采访，笔者将登门拜访，为计算数学在中国的创建与发展保存重要的口述资料。

黄鸿慈访谈录：计算数学在中国[①]

　　黄鸿慈，1936 年出生于香港，广东台山人，中国著名计算数学家。1957 年毕业于北京大学数学力学系数学专业计算数学专门化，同年到中国科学院计算技术研究所第三研究室工作，后任职于中国科学院计算中心，1989 年到香港浸会大学工作。黄鸿慈教授是我国最早进行有限元方法研究的人员之一，对我国独立发展这一方法做出了突出贡献，该研究成果（完成人：冯康、黄鸿慈、王荩贤、崔俊芝）荣获 1982 年国家自然科学奖二等奖。

　　为了从整体上了解计算数学在中国的发展历程，经汤涛院士推荐与介绍，笔者有幸参加了北京大学数学科学学院与浙江大学数学科学学院在 2017 年 5 月联合举办的"偏微分方程理论与计算研讨会"，对亲历中国计算数学创建与发展的黄鸿慈教授进行了访谈。

　　被访问人：黄鸿慈

　　访问整理：王涛

　　访谈时间：2017 年 5 月 11 日至 13 日

　　访谈地点：浙江省杭州市花港海航度假酒店

图 16　"偏微分方程理论与计算研讨会"合影（前排中：黄鸿慈，前排右 4：滕振寰，前排左
3：张平文，前排右 2：汤涛，后排右 4：王涛，会议方提供）

---

① 本文原载于《科学文化评论》2018 年第 15 卷第 5 期：68-79，收录时内容有修订。

中国计算数学的初创

学习与研究经历

王涛（以下简称"王"）：能否简单介绍一下您的个人情况？

黄鸿慈（以下简称"黄"）：我的父亲是一名商人，他的主要业务在新加坡，在泰国也有分支，我是 1936 年在香港出生的。抗战时我父亲在新加坡，他在香港的产业都被日本人没收了，所以我们家经历过一段困难的时期。那时我已经有了国家和民族的概念。1949 年以后我读了一些进步的书籍，像艾思奇的《大众哲学》，还有于光远写的一些关于社会科学发展史方面的图书。初二结束后我直接跳到了高一，那时我如饥似渴地阅读这类图书，放弃学习其他功课，结果导致很多课程不及格，其中也包括数学。当时抗美援朝，我在香港还参加了捐献飞机的运动。我这样的一种态度也是下定决心准备回到大陆了，所以高二时我就从香港培正中学转到了广州培正中学。

王：香港当时还有捐献飞机这样的活动？

黄：有的。开始时我想搞人文科学，对政治很有兴趣，尽管那时候我年龄不大，但总是受一些电影和小说中主人公的影响，比如苏联的《钢铁是怎样炼成的》和《普通一兵》，还有类似于黄继光这种事迹的小说。

回到大陆以后，由于出身与社会关系，虽然在当时还没有那么明显，但在入团的问题上也体现出来了，我一直也入不了共青团，兴趣慢慢地转移到数学、物理与天文学方面了。另外也受梁宗巨[①]的一些影响，高二时他教我们数学，讲课很有启发性。高三时梁宗巨调到东北去了，他是研究数学史的，你应该很熟悉。

王：是的，他是我国著名的数学史专家，曾担任过中国数学史学会副理事长。您高中毕业后考入了北京大学数学力学系？

黄：是的，我的专业志愿是数学、物理与哲学，此外还报考了南京大学的天文系，最后被北京大学数学力学系录取。南京大学天文系后来有个很出名的天文学家戴文赛[②]，他就是从北京大学调过去的。北京大学由于没有天文系，只留了戴文赛的一个学生教天文学，我在读一年级时还念过这门课。大学我是很用心地学的，也不再读那些政治与历史方面的书了。最初我对代数有兴趣，跟着丁石孙[③]老师学，一年级时我还担任过代数课的课代表，经常找丁老师交流，请他作专题报告，

[①] 梁宗巨（1924—1995），广东新会人，主要从事世界数学史的研究，他 1980 年出版的《世界数学史简编》是我国第一部世界数学史方面的著作。

[②] 戴文赛（1911—1979），福建漳州人，天文学家，原在北京大学任教，1954 年夏调入南京大学天文系。

[③] 丁石孙（1927—2019），江苏镇江人，数学家，1984 年至 1989 年任北京大学校长，后当选为民盟中央主席、全国人大常委会副委员长、民盟中央名誉主席，全国政协常委。

他给我们介绍了很多知识。

王：您到高年级选择了计算数学专门化？

黄：1956 年时我们该读 4 年级，要开专门化课程，我选择的是计算数学专门化。这个专门化设在数学专业，而不是新成立的计算数学专业。虽然计算数学专业在那年就开始招收新生了，还调入了 54 级数学专业的部分学生，其中包括后来发明汉字激光照排系统的王选。但由于我们 53 级是毕业年级，已经来不及进入这个专业，所以就在数学专业内给我们开设了计算数学专门化。实际上，计算数学专业低年级的课程与数学专业是一样的。

图 17   黄鸿慈毕业证书（黄鸿慈提供）

与基础数学相比，计算数学的发展较晚有它的历史原因，只能是在电子计算机问世之后（1946 年）才能真正起步。我国在还没有电子计算机的情况下就开始创办计算数学专业，实际上还是挺超前的。那时大家都没见过电子计算机，学的算法也都是纸上谈兵。

王：当时学的计算数学专门化课程都有哪些？

黄：北京大学计算数学教研室从 1955 年开始筹备，主要成员有徐献瑜、胡祖炽、吴文达、陈永和，其中陈永和的学习与研究能力很强。还有一个助教徐萃微。他们中少数几个人转到了计算数学教研室。当时徐献瑜与吴文达到苏联学习计算数学去了，我们的课程主要是胡祖炽讲计算方法，还有中科院数学所的冯康讲"数学物理中的直接方法"，用的是苏联米哈林（S. G. Mikhlin）的教材，那时候这本书还没有翻译成中文，但冯先生的俄文很好。还有一门课是"程序设计"，是清华大学孙念增讲的。其他是计算机原理方面的课程，由夏培肃、范新弼等人讲授。

王： 当时的学习效果如何？

黄： 这些内容很基础，差分方法、插值、高斯法、常微分方程的欧拉方法，这些都是很基本的。我们还有些课程是与数学专业其他专门化方向的同学一起学的，比如偏微分方程。因为原来最初的设计并没有计算数学专门化，所以把偏微分方程放在四年级，由萧树铁给我们讲。那个时候学的计算方法很浅，原因是国际上也刚刚起步，中国跟上去并不算晚，这些方法其实都是很古典的，比如牛顿法、高斯消去法，光听名字就知道是很久远的内容了。

王： 反右派斗争时您有没有受到影响？

黄： 1956 年提出向科学进军，形势一片兴旺，大家都忙于搞业务。1957 年 5 月，我们开始反右派斗争，我写了一份小字报，后果很严重，有被批成"右派分子"的可能，事后看很多被划成"右派分子"的人言论其实还没我严重。好在我跟党支部和一些党员的关系很好，虽然由于出身关系入不了党，但开始我还争取过入党，很多活动都积极参加，组织专题讨论班还受到过表扬。从某种程度上来说，我被批了一通后受到保护过关了。数力系 54 级有很多同学被划成了"右派分子"。

王： 您毕业后被分配到了新成立的中国科学院计算技术研究所。

黄： 毕业时我报的第一志愿是新开办的内蒙古大学，它是由北京大学支援创办的，我有十几个同学被分配去了那里。但最后我被分配到中国科学院计算技术研究所（以下简称计算所）第三研究室（以下简称三室）。计算所是科学院为响应《十二年科技规划》专门成立的研究计算机的机构，其中三室主要负责研究计算数学。反右派斗争之后是"大跃进"，批判读文献搞科研是走"白专"道路，所以三室都做实用问题。当时水利问题比较多，我们几十个人轮班，发挥冲天干劲，用电动计算机解决一些水坝计算问题。说是电动计算机，实际上还是需要人工操作，只是不用像手摇计算机那样摇了。到了 1958 年，计算所研制出了 103，我可以说是最早在这台机器上进行计算的研究人员之一。103 虽然机器很大，但运算速度很低[1]。到了 1959 年，计算所研制出了 104，我们可以真正做一些计算问题

---

[1] 1959 年计算所给 103 安装了自行研制的磁心存储器，运算速度提升到每秒 1800 次。

了。104 的运算速度是每秒 10000 次，但内存却只有 2048，外存用的是磁鼓，存储量只是内存的 6 倍。由于计算机性能的限制，我们考虑算法时特别注重节省存储量，现在不存在这样的问题了。

王： 您在计算所是自己找问题做还是有单位委托您解决问题？

黄： 我一开始解决的是水坝问题，为了节省存储量，我们采用重调和方程这样的数学模型。这个问题是别人委托给我们的，当时很多问题都是外面部门委托做的，比如北京的水利水电设计院。当然他们也是一种尝试，对于我们的这些计算数据，他们的重视程度我们不得而知。过去建水坝都是搞试验，做个模型用水来冲，看压力情况引起里面的应力，然后用多强的钢筋水泥来应付。而做试验就需要放大系数，比如说本来水泥多少就够了，传统的方法是还要再加个百分之几十。我们计算的结果有时候可以将系数缩小一点，也就是说可以节省一些材料，或者加强一点比较保险。比如新丰江水坝在地震带，是否需要加固？根据我们的计算是不需要。

那个时候我们主要遇到两个问题，一个是委托单位的数学模型没有建好，我们需要帮助他们建好模型。还有一个问题是委托我们做任务的单位，问我们计算的精度有几位准确。这个问题在当时是没法回答的，因为那个阶段的计算数学只能给出所谓先验估计的误差分析，这种理论不能够给出实际的误差估计，当时我对这个问题深有感触。

后来我就想在假设模型没有错误的情况下，能不能给出一些算法来告诉客户，这个数学模型的精确解和我们算出来的计算解误差有多大。若干年后国际上发展起来一种叫做后验估计的方法，就是专门解决这个问题的。我当时提出了这个问题，后来由于"文化大革命"研究中断了。一直到 1978 年，我写了一篇文章想解决这个问题，但由于"文化大革命"期间我转行研究计算机设计，十年未读数学文献，故只有一些粗糙的想法。正好那时《计算数学》复刊，我就写了篇题为"解椭圆型边值问题的逐步加密法"的文章发表在这个杂志[①]。后来林群[②] 和我的研究生鄂维南[③]，他们在理论上做了严格的分析。

还有一个我觉得比较重要的思想是自适应算法，由于在计算过程中不断出现新的数据信息，如何利用中间的数据信息去改善网格及迭代参数，就构成各种自适应算法。这个思想我们在 20 世纪 60 年代算水坝时就有了，1966 年提出了这

---

① 黄鸿慈, 刘贵银. 解椭圆型边值问题的逐步加密法 [J]. 计算数学, 1978, 2: 41-52; 3: 28-35.

② 林群（1935—），福建连江人，计算数学家，中国科学院院士，第三世界科学院院士。

③ 鄂维南（1963—），江苏靖江人，计算数学家，中国科学院院士。

个问题，但由于"文化大革命"而中断了十年。到了 1978 年以后，我又从机器设计转回到计算方法，带领一些研究生和他们一起来做。这方面重要的学者有林群，他原来主要研究纯粹数学（泛函分析），数学基础很好，所以转过来研究计算数学是有一些优势的。我们那时基本上是大学毕业后直接开始从事计算工作，所以在数学上就比较弱了。但计算数学归根到底最重要的工作，应该是提出解决一些当前困难的没有解决的问题的算法，可以先不做理论分析，在计算机上试验其有效性。理论分析当然重要，但毕竟是第二位的。国际上发展也是这样子的，先有一个解决问题的算法，然后才是理论分析。

王：这跟微积分的发展有点像，也是先发现了算法，后来才逐渐完善了理论基础。

黄：是的。中国早期有很多计算数学家是从纯粹数学转过来的，着重理论分析。当然，这也与中国经济比较落后有一些关系。你看欧洲、美国，得奖的都是一些创造性解决问题的工作，他们当然也有理论分析，两方面都有。但有些问题是很难的，比如纳维-斯托克斯方程（Navier-Stokes equation），应该是先研究算法解决问题。现在中国的计算数学家与外面交流比较多，所以总的方向比原来要好一些。过去偏重理论分析，在算法与解决当前困难复杂的问题上注意不够。冯康先生一直坚持这个方向，比如他提出的哈密顿系统的辛几何方法，首先是为了从算法上解决动力系统长时间运动的问题。

中国计算数学的分期

王：作为中国计算数学发展的亲历者，您认为中国计算数学应该如何分期？

黄：分期当然是见仁见智，我个人认为可以划分为 3 个阶段。第一个阶段是从 1956 年向科学进军到 1966 年"文化大革命"之前，是创建阶段。1956 年我国开始组建计算数学的研究机构与队伍，主要是组建了（中国）科学院计算所，其中三室主要负责计算数学的研究，高等院校创办了计算数学专业，培养计算数学方面的学生。1964 年《应用数学与计算数学》杂志创刊，冯康与我关于有限元的文章就发表在这个刊物上。当时除了（中国）科学院以外，每个省后来都有自己的计算研究所，每两年举行一次全国性的计算技术（包括计算数学）会议。1961 年第二次会议在汕头，1963 年第三次会议在西安，1965 年第四次会议在哈尔滨①。

---

① 1960 年 4 月，第一次全国计算技术经验交流会在上海召开，见《中国科学院计算技术研究所三十年 (1956—1986)》第 198 页。

王：那第二个阶段呢？

黄："文化大革命"停顿十年。第二个阶段是从改革开放到 20 世纪 80 年代末，是恢复阶段。1978 年以后，整个形势不一样了，知识分子的境遇有了很大改善。80 年代，中国开始派遣大量的学生出国留学，我们也开始同西方交流，研究的课题也逐渐跟国际接轨了。刊物方面，《应用数学与计算数学》杂志于 1978 年复刊，更名为《计算数学》，1979 年正式出版第一卷。1983 年《计算数学杂志》（*Journal of Computational Mathematics*，中国计算数学家将其简称为 *JCM*）创刊，这是一份英文杂志，旨在提高中国计算数学研究的国际化。还有一份期刊叫《数值计算与计算机应用》。这些杂志都是冯康任主编。这一阶段学术交流开始频繁，各种专题学术会议也逐渐多了起来。

王：前两个阶段计算数学的研究主要以（中国）科学院为主？

黄：在 20 世纪 90 年代之前，高校计算数学的研究力量相对（中国）科学院来说较弱，主要是培养学生，研究工作是个别的。科学院原来主要是计算所三室，1978 年三室从计算所独立出来成立了计算中心，冯康为主任，主要成员有我、张关泉、朱幼兰、孙继广、屠规彰、邬华谟、秦孟兆、黄兰洁、崔俊芝、余德浩、王烈衡、孙家昶等，综合实力很强。比如冯康是我国首批博士生导师，朱幼兰和我则入选第二批博士生导师，我还被评为第一批有突出贡献的中青年专家。1987 年，石钟慈从中国科学技术大学调到计算中心接冯康的班，也加强了计算中心的科研实力。

王：科学院的计算数学研究机构一直在不断变动，从计算所的三室到计算中心，再到计算数学所，最后又合并入数学与系统科学研究院。

黄：计算数学所成立时冯康已经去世了，又没有媲美他名望的学者来支撑，本来想打出科学与工程计算的名号，这样就不属于数学的分支了。后来有争论就妥协了，最后这个所的全名叫做计算数学与科学工程计算研究所，名字很长。科学工程计算作为数学的分支是不合适的，它应当独立于数学。当年冯康还曾想争取计算数学成为一级学科，没有成功。当然这些事情也与相应领域的研究成果和发展势头有关系，如果这个领域出现了重大成果，地位可能就会有所不同。

王：前两个阶段高校的计算数学发展如何？

黄：除了科学院以外，北京大学与吉林大学是我国最早创办计算数学专业的高校。北京大学计算数学由徐献瑜、胡祖炽、吴文达开创，到第二阶段时有应隆安、滕振寰与韩厚德，他们都是偏微分方程背景出身。这次会议是为庆祝滕振寰教授 80 周岁生日举办的，我之前对他的工作不是很熟悉，昨天在会上听了汤涛与张平文的介绍，才知道他有很多原创性的工作。虽然他没有得什么大奖，但他为中国计算数学培养了这么多优秀的学生，汤涛、张平文、李若这些优秀的计算数学学者都是他的学生或合作者，大家都很赞赏他。北京大学计算数学经由应隆安、滕振寰等人开枝散叶，到现在发展得很好了。

吉林大学的计算数学由徐利治开创，他本人主要从事逼近的研究，做得很精致，属于计算数学中比较经典的课题。还有李荣华、冯果忱、黄明游、王仁宏，理论搞得很好。吉大还有个叫李岳生，后来到中山大学去了，主要搞样条函数，曾担任中山大学的校长。吉大后来培养出了包刚，他应用和理论做得也很好。中科大计算数学有石钟慈，主要从事有限元方法，特别是样条有限元和非协调元，工夫做得很深入，后来调入计算中心接替冯康担任中心主任。复旦大学的计算数学主要是蒋尔雄，他是我在北京大学读专门化时的同班同学，搞数值代数方面的理论研究。此外还有南京大学的何旭初，他主要从事运筹优化的研究。

王：如此说来，高校的计算数学比较偏重理论？

黄：是的，早期高校多是从数学的角度出发，读一些文章后开始做研究。科学院主要是冯康先生比较强调应用，科研人员都有做实用问题的经验，较重视应用。但我们也有缺点，就是大部分都是当年大学毕业就做应用问题，受批判白专道路的影响，几乎不读书和文章，所以理论分析能力较差。

王：那么当年让您们读完研究生再来从事计算数学的研究会不会更好一点？

黄：这主要是体制问题。北京大学原来有研究生，后取消了一段时间，到 60 年代初又恢复了。研究生的好处是给你提供一个自修的时间和安静的环境，有一批人共同学习探讨，可以集中提高自己。研究生导师的作用可大可小，对学生的关心因人而异，关键还是要靠自己。总的来说，研究生的制度有积极意义，因为这可使学生具备更坚实的基础、更宽阔的学术视野才开展研究，就会保证更有质量的科研成果。

王：20 世纪 90 年代以来到现在可以算作第三阶段？

黄：是的，第三个阶段是发展阶段。这一时期以冯康在辛几何算法取得重大成果开始。最重要的是 20 世纪 80 年代派出的留学生成长起来了，他们当中一些人在国外一些著名大学取得了重要位置，在国际会议崭露头角，因做出了出色的工作而获得各种奖项和荣誉。与此同时，他们不忘报效祖国，每年回来工作一段时间，大大地带动了国内的研究并培养了大批优秀人才。国际学术会议与合作如雨后春笋，在国内各地遍地开花。这一时期，一批本土博士也成长起来，可与海外博士媲美。这批杰出的年轻人20世纪90年代开始时是三十出头，就我认识的有：舒其望、袁亚湘、鄂维南、许进超、侯一钊、杜强、汤涛、金石、沈捷、张林波、江松、张平文、陈志明、包刚、黄云清、韩渭敏、穆默、邹军等。他们当中大部分人获得过冯康科学计算奖。我之所以列出长长的名单，是要说明华人在计算数学方面的确是人才济济。其实这份名单肯定还有遗漏，而且未包括近年来涌现出的一批新秀。

图18　与黄鸿慈教授合影（工作人员拍摄）

王：那么说中国的计算数学现在正处于一个最好的时期？

黄：也不能说现在就是最好，因为不知道未来的发展如何，但与之前相比的确是非常大的发展，从研究队伍、学术刊物、对外交流上都可以这样说，研究成果很多都是国际水平的，相当一批中青年在国际上已崭露头角。

有限元与冯康

王：有限元方法是计算数学与科学工程计算中一种非常有效的方法，也是我国计算数学在第一阶段取得的重大成就，当时是如何发现这个算法的？

黄：我们最初是看了福赛思（G. W. Forsythe）与沃索（W. R. Warsow）的

《偏微分方程的差分方法》（*Finite-Difference Methods for Partial Differential Equations*），其中有一部分内容是波利亚（G. Polyá）用变分原理和分片多项式插值，给出了椭圆型偏微分方程特征值的上界估计。有限元方法主要由两个部分组成，就是上述的变分原理和分片多项式插值。分片插值是把求解区域，分割成许多三角形，在每一个三角形上用一个线性插值 $y = ax + by + c$，然后连起来，这样来作为所谓的基函数。我们原来不知道这个思想其实最早来自库朗，他开始是作一个通俗报告，后来写成文章在 1943 年发表。但这个方法的实现必须借助电子计算机，因为如果用手算的话，只能做很少的几个三角形，没有太大的实际意义，所以库朗的文章没有受到重视，很长一段时间没人引用这篇文章。

我们在 20 世纪 60 年代计算水坝问题的时候，试图把波利亚的方法推广到四阶方程，这可以说是中国最早关于有限元的文章。冯康最重要的工作是在 1965 年提出有限元法并在最一般的条件下证明了方法的收敛性，我同样有一篇文章也证明了收敛性而且给出了误差估计，但我的数学工具比较差，是在一个加强条件下，即假设这个解有二阶连续导数，实际上这个解不一定有二阶光滑的性质。冯先生精通广义函数，他是在极其广泛的条件下给出了收敛性的证明，这在世界上是最早的。

国内很多百科全书都认为有限元方法是由冯康和我共同发现的。因为我的文章在前，冯先生的文章也引用了。现在来看，证明中最重要的原理我的文章其实包含了，冯先生则是在最广泛的条件下得出最一般的结论。这只有在高深的数学基础上才能做到，因而也具有更高层次的开创性。西方在 1969 年以后才做出了类似的结果。

王：有限元方法应该如何评价？

黄：关于有限元方法的争论很多，特别是在工程界，因为工程界与数学界是相互独立的。工程界从力学的原理出发将一个力学系统分成有限单位连接起来，有限元方法的名称就是这样来的。但是他们没从变分原理出发，是从工程结构力学出发构造算法，也不管算法是否收敛。他们认为有限元法是工程人员首先做出来的，这些观点很难统一。不过，如果有限元法不是像数学家这样处理，其应用就大受限制，就不是今天这样在理论上、在应用上被如此广泛重视的局面。

王：丘成桐教授曾高度评价冯康与有限元方法，认为可以与陈省身在示性类和华罗庚在多复变函数方面的成就相并列，您怎样看？

黄：三者都是伟大的成就，但性质上很难比较。陈、华两先生的工作是纯数学方面的，学术意义重大，是高难度奠基性的工作。冯先生的工作也具有重大的学术意义和难度，但其贡献主要还是在应用上。有限元方法是有史以来 29 个重大算法之一，而且是重中之重，其应用范围几乎涵盖所有工程技术领域。特别值得高兴的是，冯先生已被国际公认为创立有限元方法贡献最大的 4 位学者之一[①]。

王：冯康在中国计算数学的地位到底如何？

黄：毫无疑问，冯先生是中国计算数学的开拓者和奠基人，被尊称为中国计算数学之父。他在学术研究、建立队伍、创办期刊、对外交流等方面都是功绩卓著，为中国计算数学留下了极其丰盛的遗产。冯先生之所以能成就这样伟大的事业，有 3 个要素。首先是**科学素养**。他不仅有深厚的数学基础，由于大学时他兼修了完整的电机工程和物理系课程，到中科院计算所之后，又广泛接触各种各类的工程和科学计算问题，所以他拥有渊博的科学知识。其二是**雄心壮志**。与冯先生稍有接触的人，都会感到他那种追求卓越之心。他追求出人头地，冲出世界，在国际科学界求一席位。对他这种雄心壮志，1978 年我陪伴他访问法、意两国时感觉特别明显。第三是**艰苦卓绝**。在雄心壮志的推动下，加上对研究学问本身的兴趣，冯先生的刻苦努力，不是常人能做到的。从学生时代至离世的最后日子，他都在专心工作与思考。1991 年他访问香港，原已安排一些游览休闲节目，但因他要在全港所有大学都演讲一遍而放弃。

王：您跟冯先生的矛盾是因何而起？

黄：我和冯先生有些矛盾冲突，对他我有一个负面印象是，他要求手下对他百依百顺。作为科学家，他是无与伦比的。他有深厚的数学素养，渊博的科学知识，敏锐的探索触角。特别是科研上那种艰苦卓绝的精神和态度，我始终钦佩得五体投地。而且，冯先生是我业务入门的引路人，对我有过许多帮助、鼓励和奖赏，对这些我也是永记不忘的。我与他的矛盾和起因，汤涛在他写的《冯康传》中已经讲得比较详细了[②]。最主要的是这几件事：冯先生跟所党委有矛盾，1984 年国庆节我被邀请上天安门观礼，是计算中心党委安排的，冯先生没有被邀请。他认为我被党委争取过去了，因为在此之前，党委想搞改革把中心分成 3 个部，一个计算数学部，一个软件部和一个计算机服务部。我当时很支持，并提供一些具

---

① 曾担任过美国工业与应用数学学会（SIAM）主席的英国皇家学会院士、牛津大学的 L. N. Trefethen 教授，高度评价了冯康对有限元方法的贡献，见 T. Gowers. The Princeton Companion to Mathematics[M]. Princeton: Princeton University Press, 2011: 301. 有中译本，见 T. Gowers 主编，齐民友译. 普林斯顿数学指南. 第 2 卷 [M]. 北京: 科学出版社, 2014: 490.

② 宁肯，汤涛. 冯康传 [M]. 杭州: 浙江教育出版社, 2019.

体建议，后来才知道冯先生很反对。另一件事是，1982 年有限元方法申报国家自然科学奖也产生过一些矛盾，我的意见是报两个人（冯康、黄鸿慈），他开始想自己一个人报，后来又要报四个人（冯康、黄鸿慈、王荩贤、崔俊芝），但我一直没松口，这是一次较大的冲突。还有一件事是在 1981 年，那时冯先生开始重视发展数学软件，与我商量成立软件室，我非常同意他的意见。但当他建议我担任室主任时，我坚决反对。因为我刚从计算机设计重返计算数学，通过研究生讲课补习了近十年的文献，正可继承前十年开展新的研究。我建议崔俊芝^①担任，因为他一直从事软件研发，冯先生最后接受了。但这事还是造成很大的芥蒂，他认为我出尔反尔，不听安排。天安门观礼事件是一道分水岭，之后我们的矛盾越来越公开化，1989 年 8 月我就到香港浸会大学任教去了。

王：香港计算数学是您过去以后才发展起来的吗？

黄：不能这样说，只是起了一些作用。在 20 世纪 80 年代，香港只有少数几人如香港理工大学的林振宝、石济民，中文大学的陈汉夫研究计算数学。我到香港以后，把我以前带的两个博士生邹军和穆默也介绍来了，穆默是香港科技大学教授，邹军现在是香港中文大学的讲座教授及系主任。自 20 世纪 90 年代起，香港科技大学和香港城市大学都兴起一股计算数学的力量。我所在的香港浸会大学，数学系更是有一半人员在这个领域。1990 年初，几个大学合作组织了一些计算数学的国际会议，这在以前是没有过的。1990 年之前，浸会大学没有研究生，我来之后带了两个博士生和几个硕士生，现任浙江大学教授的程晓良是浸会大学第一个博士。我还创办了一个科学计算硕士课程。此外我利用一个叫裘槎基金会（Croucher Foundation）的学术基金（专门邀请 40 岁以下的学者访问香港）分别邀请了袁亚湘、张平文、汪道柳、胡星标等一批青年才俊来校访问四个月。另外，冯康、石钟慈、林群、应隆安、滕振寰、韩厚德、王仁宏、张关泉、蒋尔雄、蔡大用、余德浩等国内一流学者都曾请来访港。他们的访问和演讲，对香港计算数学界肯定起了很大的作用。我退休前推荐汤涛继任，由于他兼具高水平的学术研究和组织领导能力，又有广泛的国际人脉，立刻就把计算数学搞得风生水起，使浸大成为香港的计算数学重镇。

王：听了您的讲解，我对中国计算数学的创建与发展有了一个较为全面的认识，非常感谢您接受我的访谈，祝您生活愉快！

---

① 崔俊芝（1938—），河南新乡人，计算力学家，中国工程院院士。

石钟慈访谈录：学习与研究计算数学的人和事①

石钟慈，1933 年出生于浙江宁波。1951 年考入浙江大学数学系，1952 年转入复旦大学数学系，1955 年毕业后分配到中国科学院数学研究所工作。1956 年到苏联斯捷克洛夫数学研究所学习计算数学，1960 年回国后在中国科学院计算技术研究所第三研究室工作，同时在中国科学技术大学兼职任教。1965 年起全职转入中国科学技术大学数学系，1984 年起担任中国科学技术大学数学系系主任。1987 年调入中国科学院计算中心，并于 1987—1991 年担任中心主任。现任中国科学院计算数学与科学工程计算研究所研究员。

图 19　与石钟慈院士合影（工作人员拍摄）

石钟慈长期从事计算数学的理论与应用研究，特别是在有限元方法方面取得了独创性的前沿成果，构成了有限元法的重大进展。石钟慈是我国计算数学学科的学术带头人，曾任中国计算数学学会理事长，科学与工程计算国家重点实验室主任、学术委员会主任，国家攀登计划项目"大规模科学与工程计算的方法与理

① 本文原载于《中国数学会通讯》2019 年第 2 期：12-15 页与第 3 期：34-38，收录时内容有修订。

论"首席科学家。由于杰出的科学成就，石钟慈于 1991 年当选为中国科学院院士，先后荣获何梁何利科技进步奖（2000）、华罗庚数学奖（2003）、苏步青应用数学奖（2006）等。

在学习与研究计算数学的过程中，石钟慈接触过很多杰出的数学家（如华罗庚、冯康），见证了中国数学特别是计算数学发展的一些历程。经汤涛院士介绍，笔者采访了石钟慈院士，以下为访谈的主要内容。

被访问人：石钟慈

访问整理：王涛

访谈时间：2018 年 9 月 26 日

访谈地点：中国科学院计算数学与科学工程计算研究所

初到数学所

王涛 (以下简称"王")：1955 年您从复旦大学毕业后被分配到中国科学院数学研究所工作[1]。

石钟慈 (以下简称"石")：是的。从复旦毕业后，我于当年 9 月持派遣证到中国科学院数学研究所报到。当时数学所还在清华园内，我的宿舍则位于中关村的一座楼房，距离并不远。数学所的负责人是华罗庚先生，他逐个与我们这些新人进行了谈话。我在复旦的毕业论文是关于单叶函数的，所以认为自己最有可能跟随华先生学习函数论。在数学所最先遇到的是王元和龚昇，我在浙大和复旦时便已和他们认识。龚昇见到我后非常高兴，说我可以和他一起研究单叶函数。

王：那您怎么学了计算数学？

石：过了一段时间后，国家开始酝酿第一个科技规划，华先生便找我们谈话要我们改学计算数学。数学所为此成立了计算数学小组，主要成员由我们这些刚分配来的大学毕业生组成，大约有七八个人。华先生组织了一个讨论班，带领我们读一本"计算方法"的书。关肇直先生也是数学所的一个大人物，但当时我还不怎么认识。关先生那时正与田方增一起研究泛函分析，他们都是从法国回来的，后来也旁及泛函分析中与数值计算有关的领域。

王：您学的那本"计算方法"是中文的还是俄文的？

石：我在复旦学的是英文，俄文我读不了，印象中应该是一本翻译过来的书。

---

[1] 本文主要是关于石钟慈院士在学习和研究计算数学人和事的访谈。关于石钟慈在复旦以及更早的经历，可参见其他文献。

不久又传出国家要派遣留学生到苏联学习计算数学的事情，华先生告知我已经入选，这样俄文的重要性就越来越凸显了。当时许孔时正跟随华先生学习数论，他的爱人是学外语的，教过我们俄语。冯康先生此前曾到苏联留过学，他的俄语极好，所以业余时间我们就请他教我们俄语。

王：您当时与冯康先生还有哪些交集？

石：在华先生的安排下，冯先生那时主要研究广义函数。冯先生的知识渊博，除了数学之外，他还可以给我们讲很多其他的事情。他的兴趣非常广泛，比如喜欢听音乐，恰巧我也有此爱好，再加上都是单身，便经常到他家去听唱片。此外，别看冯先生有些驼背，他在体育的某些方面也有特长，特别是乒乓球打得不错。打乒乓球当时在数学所一度很流行，饭厅里就有乒乓球台，不吃饭时很多研究人员经常在那里打球，我曾多次参观冯先生与人对垒。

王：然后您就到苏联留学去了。

石：在赴苏联之前，我到科学院举办的短期俄语训练班学习了 3 个月。1956年 6 月，科学院计算技术研究所筹备委员会成立，华先生为主任，我与数学所的其他几位同事被分配到计算所，然后就到苏联去留学了。与我同去的还有曾肯成，我们二人被分配到苏联科学院斯捷克洛夫数学研究所攻读研究生。曾肯成 1950 年毕业于清华大学数学系，最初被分配在科学院数学所华先生的手下，后到哈尔滨外国语专科学校学习俄语，因此他的俄文极好，学成后回到科学院的秘书处从事翻译工作，当时科学院有很多苏联专家协助制定《十二年科技规划》，因此有大量的翻译任务。

留学苏联

王：那您在苏联的导师是谁？

石：当时到苏联学习是有详细规划的，要学习什么课程，导师什么的都事先指定好了。我的指导老师是尼考尔斯基①（1907—2012），当时任斯捷克洛夫数学研究所的副所长，所长是维诺格拉多夫。尼考尔斯基主要从事函数论的研究，我便与他说自己想学习函数论。

王：不是派您学习计算数学吗？

石：是的。计算数学在当时是一个很宽泛的学科，边界并没有那么清楚。比

---

① 尼考尔斯基（S. M. Nikol'skii），苏联科学院院士，主要从事函数论的研究，曾获切比雪夫、维诺格拉多夫、柯尔莫哥洛夫奖。

中国计算数学的初创

如函数论与计算数学很接近，稍微偏一些应用便与计算数学有关，计算数学中也有学者研究函数论。尼考尔斯基知道中国派我来是学习计算数学的，见我又很想学习函数论，便给我一些函数论应用方面的题目思考。我在莫斯科大学还参加过逼近论的讨论班，遇到了北师大派来学习的孙永生（1929—2006），他是专门学函数论的，比我早两年到苏联。

后来大使馆向国内汇报留学生的情况，知道我学的计算数学偏理论，建议苏联方面给我换一个偏应用的导师。尼考尔斯基建议我跟随阿勃拉莫夫（A. A. Abramov）学习，阿勃拉莫夫当时在苏联计算中心任职，同时在莫斯科大学的工程技术系教书，他是盖尔范德（I. M. Gelfand, 1913—2009）的学生，泛函分析出身，主要从事矩阵计算的研究。苏联计算中心与斯捷克洛夫数学研究所在同一座楼里，那时中国全面学习苏联，各方面与之非常类似，科学院新成立的计算技术研究所与数学研究所也在同一座楼。

王：所以您学的是数值代数了。

石：是的，我在苏联学的是数值代数，回国初期从事的也主要是数值代数方面的研究。当时阿勃拉莫夫给了我几个问题，其中一个来自于他在法国召开的一个国际应用数学大会上发表的论文。我的第一篇论文是用俄文写的，当时我的俄语并不是很好，导师帮我修改的语言。这篇论文是关于薛定谔方程最大特征值的计算，看似是理论，实际上是关于计算的，算法我都用苏联的计算机实现了。

出国前我根本没接触过电子计算机，到苏联后有上机课，所以我要比国内的学者更早上机。当时苏联的计算机主要是"箭牌"（Arrow），还有一款更新的大规模计算机 BESM 。对于数学系的学生来说，一般动手能力较差，学会用"箭牌"计算机要花费很长时间。当时需要在纸带上打孔输入，然后不断地调整修改。

王：毛主席 1957 年访苏时曾在莫斯科大学作演讲，您是否参加？

石：我就在现场，这是我第一次见到毛主席。当时毛主席率领中国代表团赴苏参加十月革命 40 周年的庆典，并出席社会主义国家共产党和工人党代表会议及 64 国共产党和工人党代表会议。11 月 17 日，毛主席到莫斯科大学看望了中国留学生，并作了"世界是你们的，也是我们的，但是归根结底是你们的。你们青年人朝气蓬勃，正在兴旺时期，好像早晨八九点钟的太阳。希望寄托在你们身上……"的演讲。我当时听完后非常激动，不过由于毛主席的湖南口音很重，很多话都听不太懂。接着他讲了一些国际形势的话，说他 1949 年曾来过苏联一次，那次斯大林的接待很差，对中国代表团总的来说有点看不起的意思，这次来不一样了，赫鲁晓夫对中国等其他社会主义国家都比较客气，所以这次他很高兴。

王：苏联当时有很多伟大的数学家，您与他们是否有过接触交流？

石：接触最多的自然是我的两位导师：尼考尔斯基和阿勃拉莫大。数学所的研究人员大都在莫斯科大学数学系兼职教书，我听过盖尔范德的课，但也只是与他说过话；至于柯尔莫哥洛夫（A. N. Kolmogorov, 1903—1987）则根本没有实质接触，只是见到过。盖尔范德当时在莫大开了一门泛函分析的课，这门课不是正式课程，安排在大家都有空的时间，比如下午或者晚上，我选修了这门课。他讲课非常生动，后来的盖尔范德讨论班在全世界非常有名，很多外国人专门跑来听。盖尔范德住在校外，上课经常要迟到一刻钟，所以学生们一般也会晚 10 分钟到场。有一次盖尔范德准时了，结果发现有很多学生还没到，这是一件真实的事情。

王：那您准时到了么？

石：中国人一般比较准时，所以我是按时到的。俄国有很多的传统来源于德国，德国就有这个习惯：迟到 5 分钟不算迟到，相对比较自由。还有就是考试值得一提，基础课程一般而言只需要口试，正式课程则需要笔试。口试一般不考复杂的计算，侧重于考察概念和理论，但也不是简单地背定义和定理。口试的流程是这样的，一个箱子里放满了考题，首先五六个人进入教室抽签，然后每个人有半个到一个小时的时间去做准备，（这）期间可以进行演算，但不能再查书。准备好后第一波人逐个去接受口试，然后下一波同学抽签做准备。

王：您当时口试紧张吗？

石：当然紧张了。首先是俄语不过关，当年只在科学院组织的俄语速成班学过 3 个月，只会一般的口头交流，其他的就很困难。当然，考官也知道中国人的俄语不行，所以只要数学的意思讲清楚，他们也不会为难你。考试一般有 4 个考官，比如我泛函分析口试的考官之一是索伯列夫。在俄语方面，曾肯成对我们的帮助很大。当时一起学习，俄文方面的很多材料都是他翻译过来的。

王：有资料说曾肯成可以用俄语和苏联人辩论。

石：这个确实是有的。我在前面提到过，他在哈尔滨专门学过俄语，又在科学院秘书处担任过翻译，所以他的俄语极好，能达到与苏联人辩论的水平。另外他的记忆力和英文也很好，人非常聪明，可以说难得碰到这么聪明的一个人。至少在大学里我没遇到过，后来也没有再见到过。除了数学以外他还懂很多其他知识，犹如百科全书一般。

曾肯成对苏联有他自己的看法，认为苏联过去曾经侵略过我们等等。他比我们大几岁，到苏联前已经在（中国）科学院工作过，像我们的老大哥一样。他从国内订阅了《文汇报》，大家经常会去他那里借阅。后来《文汇报》被批判，曾肯成也因为此事而被提前召回，并戴上了"右派分子"的帽子，非常可惜。

任教科大

王：您于 1960 年回到祖国。

石：是的，而且是提前回来的，没能拿到学位。我当时正在撰写学位论文，还有很多手续没有办。那时中苏关系已经非常紧张了，但我们不知道这些，后来才知道苏联把援助中国的专家都撤回去了，很多重要的协议也都撕毁了。与之对应的是，中国则开始撤离留苏的研究生，还有其他的一些工作人员。当时中国大使馆的工作人员找到我说国家有很重要的任务，要我回去完成，我便与管惟炎还有一个搞计算机的研究生一起搭乘飞机回国①。后来我的老师阿勃拉莫夫还通过苏联科学院，向中国科学院要求把我送回去完成论文。

王：之后您到科学院计算所三室工作。

石：我一下飞机，就有车来接我们到前门外科学院的一个招待所，在那里临时住了一段时间。过了几天各个单位把相应的人接回去，我出国之前的关系已经转到了计算所，所以便回到了计算所，接待我的是冯康先生。我被分配在三室二组，这个组主要从事水坝的计算，组长是魏道政。他也是从复旦（1952 年转入，之前是浙大）毕业的，1953 年毕业后分配到科学院数学所，跟随华先生学习数论，后来与冯康一样调入科学院计算所工作。

王：您再度见到了冯康先生。

石：是的，我很高兴，冯先生是三室的负责人，我们在数学所时便已认识。当时我很疑惑，国内不是有重要的任务等我完成吗？但冯先生根本没对我说有什么重要的任务，只是说我回来了，咱们可以一起从事计算数学的研究和教学。冯先生当时非常关心中国科学技术大学（以下简称科大）应用数学系②计算数学专门化的教学问题。科大成立于 1958 年，其模式主要是学习苏联。苏联科学院的很多科学家都要到莫斯科大学教课，科大与之非常类似，华罗庚、严济慈、钱学森、

---

① 关于回国的经历，可参见：管惟炎口述，李雅明，何淑铃访问整理. 管惟炎口述历史回忆录 [M]. 新竹："清华大学"出版社，2004.

② 1964 年应用数学系更名为数学系，以下将统称为数学系。

赵忠尧、郭永怀、赵九章等这些名家纷纷到科大兼课。

科大当时是五年制，前三年是基础课，后两年是专门化课程。数学系采用了一条龙的教学法，由华罗庚、关肇直与吴文俊分别讲授 1958 级，1959 级和 1960 级的基础课，称"华龙"、"关龙"和"吴龙"。到了 1961 年，"华龙"的学生开始学习专门化课程，计算数学是其中之一。冯先生对此非常重视，询问我是否愿意到科大去教课。我之前对苏联科学院和莫斯科大学的科教模式非常欣赏，当即表示愿意到科大上课。当时计算所在中关村，科大在玉泉路，有班车从中关村到科大。上课时一般午饭在科大吃，晚上再回到计算所。

王：后来您全职调入了科大。

石：按照科大数学系当时的设计，计算数学专门化是重中之重。相较于其他专门化，计算数学专门化每年都要开设，而且学生人数较多。鉴于此，冯先生后来询问我是否愿意调到科大去工作。计算所与科大虽然是两个单位，但同属科学院，人员调动起来比较方便。1964 年，我的关系从计算所转入科大，但中关村的宿舍还给我保留了一段时间。

图 20　石钟慈（右）与冯康（中）、崔俊芝（左）在一起（1990 年，许清提供）

王：当时冯先生正在从事有限元方法的研究。

石：是的，当时冯先生带领一批人（黄鸿慈、崔俊芝等）在做有限元，对此我是知道的，但我并未参与。那时我的主要任务是在科大上课，同时在计算所做一些研究。我主要做的是丹江口水坝的计算，用的是从苏联学习的数值代数的方法。

王：能否介绍一下科大计算数学的情况？

石：科大计算数学专门化的学生每年大约有 30 人，此外还有北京航空学院、北京工业学院、北京师范大学派来进修的教师。为了保证教学，科大于 1961 年成立了计算数学教研室，冯先生为主任。在冯先生的指导下，我们编写了三本讲义：《数值分析》、《数值代数》和《微分方程数值解》，其实主要都是冯先生的想法。我主要是讲数值代数与微分方程数值解。在科大我印象最深的一个学生不在数学系，而是近代物理系的朱清时。他 1963 年进入科大，我给他们讲过数学物理方程。数学物理方程其实就是偏微分方程，但更偏重应用。

王：科大后来搬迁到了合肥。

石：科大比较自由，能让每个老师发挥自己的特长。"文化大革命"开始后，相较于科学院，科大比较温和，像我这样的年轻人并未受到冲击。后来林彪一声令下，让科大搬迁。我记得当时是这样做动员的：赞成搬迁的是革命，反对搬迁的是"反革命"。"反革命"是要拉出来批斗的，所以大家都不敢反对，完全以政治的方式来解决这个问题。

有一个说法是科大开始想搬到河南，但河南方面表示困难。还有一个说法是要搬到南京，我们都觉得搬到南京去比较好，结果也没去成。很多地方不愿意接受科大，认为是一个累赘。后来安徽的几个领导赞成科大搬过去，这样科大就搬到安徽去了。

王：科大数学系在北京时可以发挥"所系结合"的优势，那搬到合肥后如何办学？

石：科大到合肥后主要依靠自己的毕业生，特别是把 1964、1965 和 1966 三届最好的毕业生留了下来，他们的数学基础非常好，改革开放后这些学生很快崭露头角并独当一面。

科大数学系自成立之初便以华先生为主任，但他后来并未随科大南迁。到合肥后，科大数学系主要由龚昇（系副主任）负责，他一直是实际的负责人。1981年，华先生很有兴致地想要到科大看看，这件事非同小可，龚昇便张罗动员一些数学家到科大，参加华先生的讲学团，时间上一周两周都可以，很多数学家都参加了，包括王元、夏道行、谷超豪等，这件事情很有影响。之后华先生宣布不再管科大的事情，本来龚昇接替系主任是最合适的，但他后来担任了科大的副校长，我从德国进修回来后担任了数学系的主任。

王：您为何选择去德国进修？

石：1981 年 8 月份我到德国进修，1983 年底回国。这次进修是我继 50 年代苏联留学之后第二次出国，那次经历我改学计算数学，随后在科大教了多年的书。改革开放后国门重开，大批的老师、学生开始出国进修、留学。后来校领导问我愿不愿意再出国进修一次，当时进修是国家出钱，按照规定好像是一个月 400 美元。鉴于大部分人都选择去美国，而美国方面是收费的，我便决定去申请德国的洪堡基金。

通过之前一个留苏同学的关系，我联系到了一个德国的教授，正式申请时那个德国教授认为他的水平还不够，建议我换一个水平更高的人，后来找到了法兰克福大学的斯图姆（F. Stummel）教授，他是德国哥廷根大学博士毕业，研究水平很高，几年前去世了。此前科学院曾招收过一批洪堡学者，手续一切由科学院代办，洪堡的津贴则由中国政府接收，然后再按照中国的标准发给这些学者。从第二批开始科学院不再负责此事，一切按照洪堡基金的规定来做。那时国内还不是很富裕，而德国马克非常值钱，所以我们得到的津贴很多。

王：您这次在德国学的是新东西吗？

石：是的，主要是非协调有限元。有限元在理论上的完善以冯先生为最早，他在 1964/1965 年极大地扩展了库朗的想法。冯先生的文章出来以后，我顺着冯先生的框架学了一些，知道它的应用非常大，特别是在水坝建设方面。随科大南迁后，我与安徽省水利厅合作，对安徽的一些水坝做过调研和计算，后来样条有限元的工作还得了科学院自然科学二等奖。在冯先生的工作之后，国际上开始出现各种各样的有限元，有的并不满足冯先生的条件，主要是从应用方面来的。斯图姆教授开始也是搞逼近论的，后来转到了计算数学，主要研究非协调有限元，即工程上能满足而条件比较宽松的有限元。

申请洪堡基金时需要推荐信，我便请华先生、吴文俊先生还有冯先生帮我推荐，他们是中国最优秀的几个数学家，在国际上也非常知名。我在数学所时便已认识他们，其中华先生比较威严，但如果他高兴的话，也是什么都给年轻人讲。吴先生比较好说话，态度很温和。由于我和冯先生最熟，便直接到北京登门拜访，还特地带了一些安徽特产甲鱼。由于活甲鱼不好携带，蚊子一叮就死了，去北京前一天晚上我在家中提前把甲鱼杀好。甲鱼不是很好杀，一般人不会，"文化大革命"时我在安徽自己种菜养殖，技术很好。

王：到安徽后，冯康先生与科大还有联系吗？

石："文化大革命"期间没有联系，改革开放后，吴文俊与冯康被任命为科大数学系的兼职副主任。80年代初，冯先生正在从事一项新的研究——辛几何算法，为此他曾专门到科大系统讲解过两次。那时他已经对辛几何算法有了一些初步的想法，曾对我和我爱人讲过，但我们完全听不懂。

调任计算中心

王：您后来又是如何调回科学院计算中心的？

石：1978年，原计算所的三室从计算所分离，独立为科学院计算中心，冯先生为主任。到80年代中期，冯先生已经60多岁了，按照规定不能再担任中心的主任。为此他专门找到我，说当年是他把我调到科大去的，现在是否愿意回北京接他的班，我表示愿意。他首先是通过科学院人事局的局长，后来又特地到科大找到学校的领导，要把我调回科学院计算中心。1986年，我调回科学院计算中心并担任主任。

至于冯先生为什么从计算中心之外选择我来继任，我自己也不是很清楚，可能与我有两次出国的经历有关。计算中心内有一些水平很高的学者，其实很适合来担任主任，可能是他们后来与冯先生有了隔阂或者矛盾，所以没能被冯先生选中。我个人认为黄鸿慈很适合接任，但他因为有限元申报国家自然科学奖与冯先生产生了矛盾。当然，由我来做主任很多人也有反对意见，当时计算中心实力最强的是流体计算，这是国家非常重视的一个研究方向。

王：那您回到计算中心后与冯先生有没有产生矛盾？

石：与冯先生也产生过一些矛盾。我到中心任职后冯先生很担心我能不能听他的话，能否完全按照他的意思来做。冯先生与党委的关系很差，他首先问我是不是党员，我回答是他才放心。当开会他和党委意见有冲突时，他让我一定要坚持，原则上我会听冯先生，但也不是每一件事情都听，对此冯先生也有一些不满的地方。我担任主任以后，副主任是我选的，我当时在所里调查了一下，觉得老人都不太合适，便选择了年轻的桂文庄来担任副主任。那时他刚从美国学习有限元回来，没有从事过行政工作却直接担任了副主任，这也是很多人没想到的。因为当时计算中心很大，有五六百人之多。

王：请您谈一下担任计算中心主任时的苦与乐。

石：我担任计算中心主任时，计算中心的规模非常庞大，除了计算数学以外，还有硬件、软件、机器维护、数据库等诸多方向的研究人员，评价标准不一，非常难以管理。所以 1991 年我的任期到后，坚持不再连任。当然，担任主任也有愉快的一面，就是开展业务比较方便，能够组织各种学术活动，特别是国际学术交流。

王：计算数学与科学工程计算研究所又是如何成立的？

石：冯先生当年一直想办一件事，即把计算数学的研究力量从计算中心中独立出来，组建一个面向未来、小而精、高水平的研究所。20 世纪 90 年代中期科学院进行科技体制改革，我们利用这个机遇把这件事情做成了，算是完成了冯先生的一个心愿。1995 年 3 月，以原计算中心主要从事科学、工程计算应用研究的第三研究部和"科学与工程计算"国家重点实验室为基础，中国科学院成立了计算数学与科学工程计算研究所。

"科学与工程计算"国家重点实验室建于 1990 年，冯先生为学术委员会主任，这是到目前为止数学领域唯一的国家重点实验室。早在 20 世纪 80 年代，冯先生便以当时的计算中心为依托，联合清华大学的赵访熊、核工业部应用物理与计算数学研究所的周毓麟、北京大学的应隆安，向时任李鹏总理提出了建设一个开放型国家实验室的设想，得到了总理的积极回应。当时申报国家重点实验室的竞争格外激烈，实验室能够获批非常不容易。

王：您在从事研究之余也写过一些科学计算的普及著作。

石：冯先生对数学普及非常重视，我做这些主要是受到了他的影响。那时我们正在承担大项目，写一些普及著作有助于让其他人（特别是主管项目的领导）了解科学计算及其重要性，对项目的申报完成会大有帮助。就公众的数学普及而言，中国在这方面还是很落后的，很多人连基本的数学常识都没有，确实应该加大普及力度。

目前在数学普及方面主要是汤涛教授在做，他主编的《数学文化》杂志有很多读者。这本杂志没有完全脱离数学内容，同时又有一些有趣的数学故事，非常吸引人。几乎每一期的《数学文化》我都会翻阅一下，里面有很多文章我非常喜欢。

王：您对数学史有什么看法？

石：我对数学史很感兴趣。数学史是非常重要的，有不少内容值得认真研究。吴文俊先生有一段时间对中国古代数学史很有兴趣，曾写过一些文章给我看，但我古文基础不行，望而生畏。中国近现代数学史的研究现在也比较多了，我希望能够更加系统一些。

王：非常感谢您接受我的访谈，祝您生活愉快！

杨芙清访谈录：中国计算数学第一个研究生[①]

杨芙清，1932 年出生于江苏无锡。1951 年考入清华大学数学系，是院系调整前清华大学数学系招收的最后一级学生。1952 年转入北京大学数学力学系，1955 年毕业后留校读研究生，师从徐献瑜教授，是我国计算数学方向的第一个研究生。1957—1959 年到苏联学习程序设计，回国后在北京大学计算数学教研室程序设计方向任教。

1962—1964 年杨芙清再度赴苏，在苏联杜勃纳联合原子核物理研究所计算中心工作。"文化大革命"期间，杨芙清主持研制了 150 机操作系统。1978 年，杨芙清倡导和推动成立北京大学计算机科学技术系，并于 1983—1999 年任系主任。杨芙清在操作系统、软件工程、软件工业化生产技术和系统方面成就卓著，1991 年当选为中科院院士。

图 21　　与杨芙清院士合影（朱郑州拍摄）

为了弄清北京大学计算数学专业初创时期的一些细节，通过与杨芙清院士办

[①] 本文原载于《数学文化》2018 年第 9 卷第 1 期：38-50，副标题为收录时所加。

公室工作人员沟通，笔者有幸到北京大学采访了杨芙清院士，就她当年入读清华大学数学系、转入北京大学数学力学系、毕业后留校读计算数学研究生、到苏联学习程序设计与工作、转入计算机科学技术系的经历进行了访谈，以下为访谈的主要内容。

被访问人：杨芙清

访问整理：王涛

访谈时间：2017 年 7 月 28 日

访谈地点：北京大学杨芙清院士办公室

入读清华数学系

王涛 (以下简称"王")：您是 1951 年上大学，当时为什么选择清华数学系？

杨芙清 (以下简称"杨")：因为华罗庚先生在清华，我想做华罗庚式的数学家，所以报考了清华。虽然华罗庚后来去了科学院数学所，但仍然在清华园里面。其实高中的时候并不知道华罗庚的很多故事，不过喜欢数学，就觉得华罗庚是中国最有名也是世界很有名的数学家，而且他还很爱国，那个时候就是奔着华罗庚去的清华。

王：您高中就对数学系有兴趣了？

杨：我高中的数学老师是南京大学毕业的。有人评价他是怪才，他就是对数学特别专，而且特别认真，出的题目都特别难，所以大家经常考零分。结果有一次他给了我 120 分，因为一个题目我用了两种方法做了，所以激发了我对数学的兴趣。后来我意识到每个人都有自己的潜质，而作为一个老师，很重要的一点是要去发现学生的潜质，而且鼓励他，使得他产生兴趣。其实人的天赋都是差不多的，当你得到鼓励以后，你就觉得自己是不是真有数学天赋，就拼命地学习，我把它归结为笨鸟先飞。因为比别人学得多，花的时间多，听课有自己的一套方法，所以就会比别人学得好。

王：入读清华数学系感觉如何？

杨：我们那一级有 20 个学生。当时二年级大概有 4 个，三年级好像也就三四个人，所以师生比是比较高的。那时候讲课，可能一个老师对着几个学生讲课，氛围也很好，有点既讲也讨论式的。我们进去的时候，是清华数学系历年来招生最多的一次。所以数学研究所就特别高兴，说我们的接班人来了。我们也经常去数学所，因为都在清华园里边。数学所的老师也在清华数学系讲课，应该说当时清华数学系的师资力量是很雄厚的。

王：您算是院系调整前清华最后一届数学系的学生了，那您还记得当时的一些老师吗？

杨：清华数学系的老师有丁石孙，他是1950年刚毕业留校。赵访熊也是清华的老师，还有很多其他老师。当时我们一年级都上大课，由徐利治老师教微积分，我们是与物理系、无线电系的同学一起学的。我们还要学物理和其他课程，按照现在的话来说就是通识教育，但当时并没有这种说法。

到清华后，由于我学习方法没有很好地转变，结果第一次微积分考试就考砸了。我就给我的中学语文老师冯其庸先生写了一封信，他是一位红学家，今年年初去世了。他当年是我们的教务主任，由于他是地下党员，所以学生工作做得很好。我给他写信谈了我的想法，说还不如回到中学去，因为我觉得中学里我好像挺受人尊敬的。他回信说一个人总是会碰到坎坷，在你遇到困难的时候你是前进还是后退？当你勇于进取的时候，前面是一片光明。

那封信对我鼓励很大，我就反思自己是什么原因没考好。一个原因是我还留恋着中学我数学是最好的、受人尊重的那种心态。第二，我应该转变自己，很好地向同学们学习，学习别人是如何学习的。这是一个坎儿，就是中学和大学的学习方法是不一样的。在这种情况下，我首先调整自己的心态，从方法上进行了转变，再加上自己原来的笨鸟先飞的思路，慢慢度过了这个难关。

王：1952年院系调整，您从清华大学到北京大学，当时的心情是如何的？

杨：1952年院系调整，那时候学习苏联，三校合并。三校是清华大学、北京大学与燕京大学。听说那时候还有一个辅仁大学，我不是很清楚，但主要的就是三个学校。三校合并以后分成两个大学与八个学院。一个大学是清华大学，它主要是工科大学。另一个大学是北京大学，主要是理科和文科。所以当时就把三个学校的文理科师资力量都集中到北京大学来。

合校以后，我们20个学生排着队出清华的西门，经过成府路。现在都变了，那时候还是四合院和小路，进了北京大学的东门。那时候我就觉得清华大学恢宏大气很开阔，因为清华大学的草坪比较多。进了北京大学东门以后看见的是博雅塔和未名湖，旁边是个东操场，觉得北京大学很秀丽。

转入北大数学力学系

王：合系以后，一共有多少学生？

杨：三校数学系合并为北大数学力学系，但也有些老师支援到外地去了，比如在清华教我微积分的徐利治老师。我们那一级一共有 50 来个人。清华有 20 个，原北京大学大概有 30 多个，燕京大学的人有六七个。但到我们毕业的时候就剩下 36 个人，中间有很多人被淘汰了，不像现在不管学生怎么样都得让他毕业。当时虽然有那么多被淘汰，但也不是说放任自流。我们有一个同学，他中学的数学特别好，但是到了大学以后数学分析怎么都过不去。那时程民德先生就专门辅导他，一个教授专门针对一个学生辅导，可见那时的教学是非常认真的。程民德先生后来当选为院士，也是党员，是一个非常好的老师。但这名学生由于方法总是转不过来，最后就退学了。退学以后回去当中学老师，教书非常优秀，是一位数学名师。

王：到北京大学以后都有哪些老师教您课？

杨：到了北京大学后有很多老师，比如说许宝騄老师，教我们概率论。他身体不是很好，而且很孤独。后来接他课的是他的学生赵仲哲，一个年轻的老师，个儿挺高，我现在还能够想象得出他的形象。许宝騄先生的晚年是一个保姆在照顾他，后来听说保姆可能对他也不是很好。

王：段学复也是从清华大学到北京大学。

杨：是的，段学复先生原来是我们清华大学的系主任，到北京大学后仍担任系主任。当时很有意思，北京大学的数学、物理与化学三个系，数学系的主任是由原清华大学的系主任来当，物理系的主任是原北京大学的主任来当，化学系的主任是原燕京大学的主任来当。段学复先生当时教我们代数，他是高度近视。段先生讲课很有特点，我到现在仍是记忆犹新。段先生上课的时候捧了一本厚厚的书进来，然后就开始对着黑板讲，偶尔翻一下书，给我们念一段。因为他是高度近视，写的时候都是贴在黑板上。

吴光磊先生教我们几何。吴光磊先生讲课没有一句废话，他讲话不快，但是一句话就是一句话，所以听他的课也是一种享受。但是你不能走神，你一走神就会接不上。还有江泽培先生教我们实变函数。江泽培先生那时候算是中年，还算是稍微年轻一点的。他讲课非常严谨，出的题目也很难，但我的实变函数是全班考得最好的。从那时起我恢复了自信，觉得终于迈过那个坎儿了，以后在班级里面一直是成绩比较好的。而且我们那一届学习苏联，考试的时候都是口试。

王：口试是如何进行的？

杨：我们几个成绩比较好的同学是第一批口试。口试是上午几个人，下午几个人。我记得很清楚，那时候在第一教学楼考试，我们早早就坐在一教门口的台阶上等着。叫到你以后，就到大教室准备抽签，给你准备半个小时，然后再到小教室去回答问题。每一门课我都是第一批，所以考完后就非常轻松了。

王：有没有开复变函数这门课？

杨：开了，教复变函数的老师是庄圻泰。庄圻泰先生讲课很有特点，他不带任何教材，就是手心里面写几条，来了就讲。有时候在黑板上写一写，并不太多，他手心里面讲完刚好一堂课下课。那时候我们就只能记笔记，我记笔记的时候一般是这样，笔记本我只记靠左边的 2/3，会留下 1/3。复习的时候再把要点写在这 1/3 处，同时把记得不是很清楚的更正在边上。后来庄先生让我们 3 个学生把笔记整理成了一个讲义，这个我印象也是很深刻的。

还有申又枨先生教我们微分方程，也是一位非常好的老师。四年级的时候每个学生都要做一篇毕业论文，我们几个就被分配在申又枨先生名下。他住在老的勺园，我们现在看到的勺园已经不是过去的勺园，以前的勺园是燕京大学的一景，是一个四合院。那时候我们班里面有这么一件事情，就是每个月要到老师家里去，几个学生借用老师家的厨房做一顿饭聚餐。每次我们去的时候，申先生事先都叫他的保姆把厨房收拾好。因为是四合院，我们就在他院子和厨房里做，他就站在那儿笑笑地看着我们，好像一个老人看着孩子，所以很有一种慈父的感觉。

王：数论这门课开了吗？

杨：数论是闵嗣鹤先生讲的。闵嗣鹤先生好像跟同学接触不是很多，而且这门课也比较难。闵嗣鹤先生很可惜，他心脏不好，60 岁就去世了。我们还学过数理方程这门课，老师是钱敏，当时年纪不是很大。数理方程很难学，我记得是在西校门的东方语言学系所在的民主楼的阶梯教室里学的这门课。

计算数学教研室

王：您当时毕业了就读研究生对吗？

杨：我在清华的时候就进了舞蹈队，到北京大学后也被社团给吸收了，所以一直就在社团里和学生会工作，跟班里的同学接触不多，基本上是跟其他系的同学交流。那时候北京大学有舞蹈队、戏曲社、民乐队，各种各样的社团。吃饭都是在大饭厅里头，也是一个开会的地方，什么活动都在那儿，现在是百年讲堂。饭厅后面是厨房，前面有一个舞台，开大会、演出就这么一个台。中间很大的地方就摆桌子，大家站着吃饭。后来人多了以后旁边还有一个小饭厅。中间的空地种了很多柿子树，现在已经看不到这个情形了。

到四年级的时候，因为要毕业了，我回到班里，担任团里的宣传委员，那时候跟同学们的接触才比较多一点。毕业的时候我们都坐在一个教室里，等候宣布分配单位，大部分同学都被分到高等院校去担任高等数学的助教。最后就剩了 3个人没有宣布，我一个，还有两个男生。系里把我们叫到办公室去，说你们 3 个就留下来当研究生。所以研究生也不是考的，是留的。

王：分配时是什么时候？

杨：一般是 8 月份分配，9 月份报到。我们 3 个人里面，一个是李翊神跟孙有振先生学微分方程，一个是闻国椿跟庄圻泰先生学复变函数，我跟徐献瑜先生学计算数学。1955 年的时候北京大学成立了计算数学教研室，徐献瑜先生原来是燕京大学数学系的主任，到北京大学后先是担任高等数学教研室的主任，后来到计算数学教研室担任主任。

那时候计算数学教研室老师很少，一共有这么几个老师，一位是徐献瑜先生，此外还有胡祖炽和吴文达，吴文达是燕京大学来的，是党员，所以很多具体事情都是他做。后来董铁宝、林建祥、陈永和都加入了计算数学教研室，还有哲学系的吴允曾，他是搞数理逻辑的。还有张世龙，他是学无线电的，过来后组建了一个实验室。北京大学当时很有前瞻性，在国内率先成立了计算数学教研室。

王：那计算数学教研室都有什么活动？

杨：1955 年我读研究生以后，当时全面学习苏联，徐献瑜教授叫我学一本《线性代数计算方法》，是一本苏联的教材。当时就我 个学生，那个时候不像现在有那么大的办公室，数学力学系的图书馆在北阁，所以我就在系里的图书馆里面找一个角落，那里刚好有一个单人小桌，我就在那儿学习。

给我提供的是一台手摇计算机。每周见一次老师，并在教研室里做一次报告，这对我的训练很大。教研室里除了我以外都是老师，我上去讲，讲完后大家就讨论。这种讨论班的形式，确实是培养人非常好的一种方式，一直延续到现在。所以在我毕业以及任教后，也一直采用这种方式。

我学一个计算方法并计算出结果，划成曲线，用不同颜色把曲线画出来，规定每周一到徐先生的家里去向他汇报。徐先生就跟我讨论，纠正错误的地方。那时我是自主地学习，所以后来我经常跟学生们说一定要养成自主学习的习惯。

手摇计算机声音很响，我们那时候 3 个研究生一个房间，住在 18 号楼。我的两个室友是生物系的，白天她们都去实验室，所以我可以在宿舍里摇那个计算机。到晚上做不完怎么办？刚好留在北京大学高等数学教研室有我一个同学叫戴中维，她住在现在的红二楼，她们是两个人一个宿舍。所以我晚上就到她宿舍里去。用报纸挡住灯，年轻人睡觉沉没关系，又是自己的同学，我就在那儿做题，把它画好。研究生训练了我学习的能力和那种认真、严谨的品格。

图 22　徐献瑜先生 90 寿诞（左起：徐萃微、杨芙清、徐献瑜、陈堃銶、吴文达，杨芙清提供）

两度赴苏

王： 1956 年国家开始向科学进军，您当时了解多少？

杨： 1956 年的时候，国家开始制定《十二年科技规划》，中国科学院成立了计算技术研究所，成立的时候我记得是在西苑宾馆，包了一个楼，是一个三层楼。计算技术研究所派了一个代表团到苏联去，徐先生也去了。当时跟苏联谈好派一个学习团过去，所以他们 1956 年回来以后就组织这个学习团，一共有 19 个人。当时徐先生跟我说你在国内没有学习条件，跟着这个团出去吧。这个学习团的负责人是张效祥，他原来是总参的，是计算所的兼职研究员。

王： 您是何时到苏联留学去的？

杨： 1956 年学校请了一个教俄语的老师，是苏联专家的夫人，教北京大学准备去苏联学习的教师，我是其中最年轻的。1956 年底学习团开始集中，对我们进行培训，比如怎么吃西餐、怎么跳交谊舞，要求很严格。1957 年 1 月份去的莫斯科，到了苏联科学院以后，19 个人分成两组，13 人到苏联科学院计算技术研究所，主要是学习硬件，其中有 2 个人搞语言翻译。6 个人到苏联科学院的计算中心，我和王树林学计算方法，其他 4 个人学程序设计。

但是不管学计算方法还是程序设计，都需要上机。当时教我们在"箭牌"机上编程，是解一个线性代数方程组。这个刚好是我已经学过的，结果我上机一次就通过了。苏联老师很惊讶，说第一次上机就能通过的人很少。

王：这是您第一次接触电子计算机？

杨：是的，那时候北京大学连电动的计算机都没有。我能一次就通过在于什么呢？我认为在于认真和严谨，我做的时候没有放过任何一个细节。这也得益于我在研究生那一年的训练，再加上我笨鸟先飞的习惯。当时我就觉得学计算方法，首先要学好程序设计。任何方法，编好程序后，都要上机，要用计算机算出结果来。计算机是"很认真"的，只认识 0 和 1，你要错一个符号马上就通不过了。

图 23　杨芙清在苏联科学院计算科学中心"箭牌"计算机上机（杨芙清提供）

王：所以您就从计算方法转到程序设计了？

杨：也不能说是转，而是学。学习团去苏联主要是学习计算机，以便回来研制电子计算机。到 1958 年 4 月份，很多同事在苏联学了一年多以后就回国了。那时候吴文达在莫斯科大学数学力学系进修，北京大学周培源教务长到了莫斯科以后，就找吴文达，让他帮我办转到莫斯科大学的手续。这样我没有回国，而是到

中国 计算数学的初创

莫斯科大学跟随苏联的计算科学家舒拉–布拉学习。他那时候有 3 个中国学生，我一个，南京大学徐家福，还有兰州大学的唐珍。徐家福是 1957 年 8 月去的，唐珍可能比徐家福还要早，在那里读研究生。

我去了以后，由于我在苏联科学院计算中心学习过，还编过一些程序，所以舒拉–布拉老师说你就搞程序设计自动化，就叫我在计算机上做，随便我做什么。我当时看到编译程序检查起来很困难，就想是不是可以反过来把目标程序转为源程序。那时候已经有算子法，操作系统都是用算子法，我就用算子法编了这么一个程序。这个程序可以把目标程序返转为源程序，然后来对照是否正确。老师对这个成果很欣赏，要我写了一篇文章"分析程序"，发表在《自动化论文集》。

王：这篇论文是用俄文写的吗？

杨：是的，但我的俄文并不好，所以老师帮我改了很多。后来我在计算中心的一些同事看到了这篇论文，建议我申请学位。1960 年徐家福在西方杂志上看到对这篇文章的评论，称之为"程序设计自动化早期的优秀之作"。当时我想组织派我出来的任务是叫我学习，虽然我在国内是研究生，但并没让我在苏联拿学位，而且国家也需要我很快回去，所以我就没有去申请。否则的话还要延长至少一年半到两年，因为还要修课，还得通过资格考试。

王：您回国后就直接到北京大学了？

杨：我去苏联是跟计算技术研究所的学习团去的。按照规定，我回来应该到计算所去工作一年，像张效祥他们都去那儿工作了一年。张效祥现在虽然过世了，但他一直是计算所的兼职研究员。我是 1959 年 10 月回国的，当时我回来后，在北京大学应该属于研究生毕业面临分配，学校就跟我说你先别动，让我等着。过了一段时间找我，说你现在可以去教育部报到了，但你什么话也别说，人家问你一句，你就说是，再问你一句，你还说是。我就这样去教育部报到了，他们问了我两句话，我就说了两个是。两句话的意思大概是你是否愿意留在北京大学，就这样我就留在北京大学了。计算技术研究所当然不愿意了，最后让我去讲了几次课。

王：您又回到了数学力学系计算数学教研室？

杨：是的。当时计算数学教研室分两个方向，一个是计算方法，另一个是程序设计。1957 年，陈堃銶毕业后也留在了计算数学教研室，程序设计方向主要是我们两个人。我报到后担任徐献瑜先生程序设计自动化的助教，此外还兼任数学力学系的科研秘书。

1960 年，我担任助教的那个班正好毕业，由我带他们毕业论文，主要是做编译系统。我们把流程图都画出来，大概有很厚一本，由于没有计算机，因而未实现，只是参加了成果展示。后来，我又负责学生的上机实习，由于北京大学没有计算机，只能到计算所使用 103 上机。计算所给的上机时间是夜里 12 点到早晨 6 点，机房在所里半层楼的地方，不允许学生进入，他们只能坐在计算所门口的台阶上，由我一个人进机房。那时候是穿孔带，我就拿了纸带进机房把它输进去，打印出来，跑出来给学生去校对，看有没有错误。同时再把第二个学生的纸带拿去，整夜就这么来回跑着上机。我当时住在北京大学未名湖畔红三楼，每天晚上 11 点多，我就从红三楼出发到计算所。那时候有一段路特别黑，我很害怕，每次都是跑着去的。

王：您第二次去苏联是什么情况？

杨：1962 年，组织上决定再度派我去苏联，这次不是学习而是去工作。当时由苏联、中国等 12 个社会主义国家联合建立了杜勃纳联合原子核物理研究所，虽然那时中苏关系已经恶化，但中国是出资方之一，仍需要派人到那里工作。杜勃纳联合原子核物理研究所里有一个计算中心，需要搞硬件与软件的人。那个时候是国家经委负责这件事，北京大学人事处来找我，问我有什么意见。

我是 1955 年入的党，实际上早在中学的时候我就被人称为党外的布尔什维克。我是共产党员，祖国需要我去哪里我就到哪里。我的孩子是 1961 年 5 月出生的，出生 40 天后我就把他送回无锡老家了，养在我父母那里。组织上通知我去苏联的时候儿子刚周岁，暑假里我回去看了他一趟，回来后在北京大学继续工作到 11 月。我记得是 11 月 21 日跟代表团出发去的苏联。第一次去苏联是坐火车，这次去的身份是中国专家，坐飞机去的。

转入计算机系

王：您是何时离开数学力学系的？

杨：1969 年，为了加快石油地质勘探数字化步伐，国家向北京大学下达了研制每秒 100 万次大型集成电路计算机——150 机的任务。北京大学接受了这个任务，然后开始从各个系抽调人。那时候主要是两类人，一类是物理系搞集成电路、半导体的人，由黄昆带队；另一类主要是数学系无线电系的人，搞硬件和操作系统、汇编语言、编译系统等软件系统，我就是在那个时候调入电子仪器厂搞软件，从此离开了数学力学系。

王：计算机系是如何成立的？

中国计算数学的初创

杨：1973 年的时候 150 机研制完成了，还在昌平的北京大学 200 号唱过"东方红"。与此同时，电子仪器厂还招收了学生，有半导体的学生，也有计算机的学生，那时候的模式是校办工厂，厂办专业。1978 年的时候校办工厂取消，我们就从校办工厂出来了，学校组建了计算机科学技术系。1978 年招收的是计算机方面的学生，到 1980 年又招了集成电路、半导体方面的学生。

王：所以您是从纯数学到计算数学，最后又到了计算机科学。

杨：是的。当时有一些人认为抽象数学是最高级的，计算方法是有点实际背景的，但加上计算两个字以后，好像就低级一些了。搞程序设计是为计算机编程，就更低级了。但我的一个主导思想是国家需要就是我的志愿，所以我不管别人如何评价，只要国家有需求我就做。我经常跟学生们讲，机遇在每个人的身边。你只要是根据需求去做，就可能会抓住机遇。如果你只为自己考虑，觉得低了不干，那你可能就错过了这个机遇。当时谁又能想到计算数学与计算机科学能发展得如此之好呢？

王：像现在学生如果学计算机，有没有必要先学好数学？

杨：我认为十分必要。我给你讲一个事情，当时计算机科学技术系成立的时候，我们请程民德先生来担任系主任。当时程先生正带着石青云在搞模式识别，那个时候的模式识别都是用计算机对比，但他们用了一个基础数学中几何的方法，通过切线与夹角找出指纹的特征，可以省掉大量的存储空间。这不就是数学的一个重要应用吗？

程民德先生建议计算机系还是由年轻人来负责，后来张世龙担任第一届系主任。我是 1981 年担任系副主任，1983 年担任系主任，一直到 1999 年。我觉得任何基础科学上的突破，都会对整个科学产生影响。所以当时计算机系成立的时候，我们对数学的要求很高。后来慢慢改，数学的要求没那么高了，但我仍然认为数学基础很重要，一定要打好。

王：听了您的讲解，我对您的一些经历与北京大学计算数学、计算机学科的发展有了一定的了解，非常感谢您！

滕振寰访谈录：从偏微分方程到计算数学①

滕振寰，1937 年出生于北京。1955 年考入北京大学数学力学系学习，1960 年在北京大学数学力学系攻读研究生，1964 年毕业后留校任教，历任助教、讲师、副教授、教授。1985 年当选为计算数学方向的博士生导师，1995—1999 年担任北京大学数学科学学院科学与工程计算系主任。

滕振寰教授在守恒律计算方法的误差分析领域做出了原创的、具有国际影响的工作，对推动中国双曲型偏微分方程计算方法的研究做出了重要贡献。为了进一步了解北京大学计算数学的历史，经汤涛院士介绍，在参加"偏微分方程理论与计算研讨会"对黄鸿慈教授进行采访的同时，笔者也对与会的滕振寰教授进行了简短的采访，以下为访谈的主要内容。

图 24　与滕振寰教授合影（工作人员拍摄）

被访问人：滕振寰

① 令人遗憾的是，滕振寰教授已经于 2018 年 11 月 30 日因病医治无效不幸去世。本文根据 2017 年 5 月的录音整理，未经滕振寰教授审阅。

中国计算数学的初创

访问整理：王涛
访谈时间：2017 年 5 月 14 日
访谈地点：浙江省杭州市花港海航度假酒店

个人学习与研究经历

王涛（以下简称"王"）：北京大学计算数学的早期历史您知道多少？

滕振寰（以下简称"滕"）：我原来不是学计算数学的，是 1981 年才转入计算数学的。北京大学计算数学的历史很早，大概在 50 年代中期。中华人民共和国成立后提倡科技为生产服务，计算数学被认为是数学当中理论联系实际最紧密的。我于 1955 年考入北京大学数学力学系，报考时数学力学系只有数学与力学这两个专业，并没有计算数学。到三年级时开始分专门化，那时已经有计算数学专业了。

王：您当时没有选择计算数学专业是吧？

滕：是的。我那时对抽象数学感兴趣，所以选择了拓扑学。但是"大跃进"一来，这些抽象的数学都被砍掉了，只保留了微分方程、概率论与计算数学等几个应用比较强的方向，我就选择了微分方程这个方向。但受制于形势，大家都要搞运动，我能认真读书的时间只有 1955 和 1956 两年，所以学习的时间很短。我们这一级不太走运，遇到了运动高峰期，出的人才比较少。而 56 级是 6 年制，他们学习的时间更长，运动相对较少，因此成才比例很高。

王：微分方程专门化的授课老师都有谁？

滕：当时主要是从苏联回来的周毓麟，他是微分方程教研室的主任，给我们讲非线性偏微分方程。还有萧树铁老师，改革开放后调到清华大学去了。姜礼尚老师当时在北京大学跟随周先生读研究生，也给我们上过课。1960 年从北京大学毕业后我留校读研究生，导师也是周先生。但当我入学后，他已经调到九所去从事核武器研究了，所以具体指导我的是萧树铁老师。我读研究生时国家正值困难时期，所以运动较少，我可以安心读一些书，写了几篇文章。

王：那您是何时转入计算数学的？

滕：研究生毕业后我一直在偏微分方程教研室。1979 年底，国家派了一批访问学者，当时程民德老师找到应隆安和我，说计算数学很重要，你们学成回来后就转到这个方向。北京大学计算数学早年培养了很多优秀的学生，比如杨芙清、王选等人，但是偏重计算机和软件方向。"文化大革命"结束后，学校成立了计算机系，很多人都调走了，计算数学方向的研究力量就偏弱了。我们当时都是从偏微分方程转来的，所以主要从事这一方向的计算方法。

王：您转到计算数学后，计算数学教研室的主任是谁？

滕：是胡祖炽先生，他与徐献瑜是北京大学计算数学的第一批人。胡先生大概是"文化大革命"后出任教研室主任，后来是应隆安和我，再到张平文。我作主任时，北京大学数学系已经组合成数学学院，所以计算数学教研室改成了科学与工程计算系，所以我是科学与工程计算系的主任。

王：北京大学计算数学的传统是什么？

滕：北京大学计算数学当时主要有应隆安、我与韩厚德，外界称我们为北京大学计算数学的"三剑客"。后来由于种种原因，韩老师于1986年调到清华大学去了。我们的重点是偏微分方程的数值解，这是我们的看家本领，像我们的优化与数值代数是比较弱的。我培养的比较优秀的学生有汤涛与张平文，他们后来做的比我们更广泛，我们当时有些传统与古典。

王：北京大学的计算数学发展势头很好。

滕：是的，张平文起了很大的作用。当时我就看出来了，我们这一批人做的问题再发展下去肯定不是主流了。我们当时做研究的时候都认为做一些比较基础性的东西，但现在面越来越宽，模型也发展得多元化了，你既可以做理论的，也可以做应用的，还可以做算法的，所以当时的计算数学跟现在没法比，现在叫科学工程计算。张平文那时出国跟鄂维南、侯一钊学了很多新东西，所以我就主动把自己的一些学生分给张平文，让他们跟张平文学，这些学生如李若、李铁军现在都很棒。我后来就把系主任让给了张平文，他又从中国科学院请来了汤华中。北京大学有一个优势，就是生源很好，学生都很优秀。再加上老师不错，这两方面一结合，想发展好不是一件很难的事。

王：听了您的讲解，我对北京大学计算数学的发展有了一些初步的了解，非常感谢您！

李荣华、冯果忱访谈录[①]
——回顾吉林大学早期的计算数学专业

李荣华，1929 年出生，湖南宜章人。1954 年毕业于吉林大学数学系，同年留校任助教，先后跟随徐利治和江泽坚学习数值逼近和泛函分析。1957—1959 年跟苏联专家梅索夫斯基赫改学计算数学，历任助教、讲师、副教授、教授。1958—1981 年任吉林大学计算数学教研室主任，1984—1990 年任数学系主任兼数学研究所所长。李荣华建立了有限差分法判别稳定性的代数准则，提出了求解偏微分方程的广义差分法，为该方法建立了系统的理论基础。

冯果忱，1935 年出生，辽宁昌图人。1956 年提前一年毕业于吉林大学数学系，担任徐利治先生的科研助手。1957—1959 年跟随苏联专家梅索夫斯基赫读研究生并担任翻译，历任助教、讲师、副教授、教授。1980—1992 年任计算中心副主任、主任，1993—1997 年任数学所所长。冯果忱在微分方程数值解方法与应用、数值代数与符号计算等方面有深入研究。

图 25　　与李荣华（中）、冯果忱（右）教授合影（李慧群拍摄）

---

① 本文原载于《中国科技史杂志》2016 年第 37 卷第 3 期：383-392，收入时内容有调整和修订。令人遗憾的是，冯果忱教授已经于 2018 年 3 月 19 日因病不幸去世。

　　吉林大学是中国最早创办计算数学专业的高校之一，曾邀请苏联专家来讲授计算数学，并举办了面向全国的计算数学师资培训班。为了详尽地了解吉林大学创办计算数学专业的细节，在汤涛院士、香港中文大学（深圳）王学锋教授的介绍与安排下，笔者对当年跟随苏联专家学习的李荣华和冯果忱两位先生进行了访谈，本文即为访谈的主要内容。

　　被访问人：李荣华、冯果忱

　　访问整理：王涛

　　访谈时间：2016 年 4 月 27 日

　　访谈地点：吉林省长春市李荣华教授家中

创办计算数学专业的准备工作

　　王涛（以下简称"王"）：当时是吉林大学自己要发展计算数学，还是为响应国家在 1956 年制定的《十二年科技规划》而发展计算数学？

　　李荣华（以下简称"李"）：两个原因都有。一是响应国家号召，在 1956 年国家制定的《十二年科技规划》中的几个重点发展方向之一，就是计算技术。因为要发展计算技术，相应的也要发展应用数学，特别是计算数学，这是一个原因。另外一个原因是，我们这里徐利治老教授，他早先也做过一些这方面的研究，主要是渐进积分和积分计算。所以 1956 年徐先生就在我们这开了一个近似方法专门化，那时候叫近似方法，不叫计算数学。开专门化是学习苏联，系里给学生分方向叫做分专门化，当时就从学生中选了一部分来学习近似方法，其中就有**冯果忱**（以下简称"冯"）老师，他是 1956 年到这个方向的。

　　徐利治先生对发展计算数学很积极，他当年到苏联参加泛函分析会议时，遇到了苏联数学家康托洛维奇。康托洛维奇做应用数学非常出名，徐先生希望康托洛维奇帮助我们来发展计算数学，康托洛维奇当时就答应了。徐先生回来后向学校提出，学校向教育部申请，旋即得到批准，且很快向苏联提出邀请。当时中苏关系较好，苏联很快就答应，并派列宁格勒大学的梅索夫斯基赫来中国。因为苏联专家要来，我们抽调两位年轻的老师学俄语，分别是冯果忱、李岳生两位先生。

　　王：据查到的资料，科技规划是 1956 年 8 月份完成制定的，而徐先生去苏联的时候是 1956 年 2 月份，实际上那个时候规划还没出来呢，而吉林大学已经有这个想法了，也就是说要早于规划的。那徐先生去苏联表达了合作意愿，回来以后肯定是向系里和学校做了汇报吧？

李：是的。我刚才已经说过了，徐先生在这以前做了一些计算方法的工作，他原来跟随华罗庚先生学习，对这项工作很积极。徐先生从苏联回来后肯定向系里和学校做了汇报，但是系里没有查到这个文件，我也一直想找这个文件，我还就此事问过徐先生，他也记不清楚了。按道理讲，学校应该有[①]，但系里没有查到，系里这两年把过去的资料都翻了一遍，结果没有找到，但专家9月份来系里是有记录的。当时高教部组织这项工作还是很认真的，在专家到来之前，向全国各高校发通知，各校可以派人到吉大进修。当时北京大学、复旦大学、清华大学、武汉大学十几个大学派来教师向专家学习，他们进修回去后也在各个学校建立计算数学专业，所以影响还是不小的。

王：当时科学院派了3个人去苏联参加泛函分析会议，分别是曾远荣、田方增和徐利治。我知道江泽坚老先生也是搞泛函分析的，而徐先生实际上做的是近似方法，当时为什么没有派江先生而是徐先生呢？

李：因为江先生原来是做函数论的，到1955年才开始转向泛函分析，还没有开展研究工作。但他写了一些书，正式发表泛函分析方面的论文是在1957年。而徐先生研究工作做得很早，早在20世纪40年代就发表了论文，科学研究方面更加活跃，派他去可能是因为他的研究工作比较多。这里面正式搞泛函分析的是南京大学的曾远荣，至于科学院关肇直也是一个合适的参会人选，但不知道为什么没参加。

王：吉林大学是何时成立了计算数学专业？可不可以这么说，苏联专家来了以后吉林大学就成立了计算数学专业？

李：可以那么说，但正式打专业招牌是1958年，1957年还没有计算数学专业。1958年搞"大跃进"，提倡理论联系实际，解放思想、破除迷信。这样就来了一个"大跃进"高潮，其中联系到学校就是理论和应用的关系，所以当时一股势力就批判数学专业，说这个专业脱离实际，要求发展应用数学。在这种形势下，计算数学专业就打出来了。虽然1958年打出计算数学专业的旗号，但是学生是从56级入学的学生中分出一部分学生到计算数学专业，而且在1958年成立这个专业不久，我们又在专业内成立了程序设计方向，还派了一名年轻教师到科学院去学习。

王：这名年轻教师是谁？能否简单介绍下具体情况？

---

① 笔者后来在吉林大学档案馆找到了这份文件，见吉林大学11-54号档案，1956年聘请专家工作计划、谈话记录。

李： 是徐立本先生。他是我们这里第一个从事程序设计的老师。因为当年聘请到中国支持计算数学的有两个苏联专家，到我们这的是做计算方法的，派到科学院的是从事程序设计的[①]。我们派了徐立本老师学程序设计，所以我们的程序设计实际上在 1958 年就开始了。1959 年我们又派了一位叫金淳兆的年轻教师到苏联，跟随苏联的舒拉–布拉的程序专家学习自动化。原来的程序设计是用手编代码的，叫做汇编语言。

王： 舒拉–布拉是在苏联科学院还是莫斯科大学？当时的汇编语言用的是纸带么？

李： 舒拉–布拉是莫斯科大学的，他是苏联最早搞程序设计的数学家。当时我们国内有好几个在他那里，我们这里的金淳兆，南京大学的徐家福，他们都是同辈的，还有北京大学的杨芙清，后来当上院士了。这样来看，我们这里的程序设计也是很早的。当时的汇编语言用的就是纸带，要打孔的，现代程序化设计实际上就是软件。

冯： 是这样的，以前咱们中国人搞的所谓计算数学是后来按上去的，不是真正的计算数学。实际上从苏联请来专家后，做的才是计算数学。过去的计算数学就是有点应用性质的，就是把数学想办法用近似方法来做。一件很有意思的事情是徐利治先生做的事情实际上不是计算数学，他和计算机不搭边。计算数学应该是和计算机联系起来，直接为计算机服务的，怎么样把数学问题变成可以在计算机上使用的这种东西，这样才变成计算数学。

李： 徐先生搞的也可以算计算数学，比如他做逼近论插值，他那几个研究生，梁学章插值做得就很好，周蕴时做数值积分，他自己做迭代法。计算机他没有弄，这也不奇怪，那个时候没有计算机，他偏重计算方法。

王： 匡亚明校长在 1956 年给中科院副院长张劲夫写的一封信中说东北人大有计划和中科院长春分院联合组建计算数学研究室，这个计算数学研究室是不是就是计算数学教研室？如果不是，那计算数学教研室又是哪一年成立的？

李： 确实有这回事，而且 1956 年就成立了，就叫研究室，不是教研室，两码事。教研室主要是管教学的，研究室主要是做研究的。研究室的负责人就是徐利治先生。但是后来取消了，非常可惜。计算数学教研室我记得 1957 年以前是没有的。1957 年苏联专家要来所以成立了计算数学教研室，那个时候徐先生已经是"右派分子"了，教研室主任就不能让他当了，就由系主任王湘浩兼

[①] 即中国科学院计算所筹委会邀请的苏联专家斯梅格列夫斯基。

了。到 1957 年 12 月份，系里觉得还要加强向苏联专家学习的力量，所以去向学校申请，后来他们告诉我要把我调过来，所以我是 12 月份才调到这个教研室的。

王：也就是 1957 年就成立计算数学教研室了？

李：是的。我原来是函数论教研室的，当时正在讲复变函数，后来复变函数就由江泽坚先生讲了。匡亚明校长让我先跟苏联专家学，说跟江先生以后还有学习的机会。我调到计算数学教研室后，任副主任。这个时候徐利治已经不能管事了，所以有些事情他可能记得不太准确，那个时候跟苏联专家谈话都是王湘浩出面。

王：从 1956 年开始计划邀请苏联专家，到 1957 年 9 月份苏联专家到来，中间长达一年半，是不是拖得有些久？

李：因为我们要做大量的工作，不见得马上要他来，所以 1956 年派冯果忱和李岳生去学习俄语。1957 年苏联专家来实际上不算晚，我们也需要有个准备，因为计算数学在中国基本是空白，你不准备怎么接待人家？

王：冯先生，您是 1956 年从吉林大学毕业的？您是什么时候开始学俄语的？

冯：我是 1953 年入学，按学历我该 1957 年毕业，后来因为发展计算数学需要人，结果 1956 年我提前毕业，少念了一年。决定要从苏联请专家后就选几个人去学俄语，我和李岳生就是那个时候去学的，大概就是 1956 年，此外可能还有金淳兆。

李：应该是 1956 年下半年，但肯定没有金淳兆。金淳兆是 1959 年临时让他到苏联去学程序，当时有名额到苏联，王湘浩就跟我商量，那个时候派一个人出去不像现在，出身要好，政治上和业务上也要好。这位老师实际上是在江先生的方向，王湘浩把他转过来派出去，后来江先生知道这件事后还很有意见。

王：冯先生是在哪里学的俄语？

李：就在吉林大学。当时吉林大学俄语系是很强的，还有苏联人在那里教俄语。由于物理、化学系也有邀请苏联专家，因此除了李岳生和冯果忱外，还有别的系的人在那里学。外校也来了不少学习俄语的人，当时就办了一个俄语培训班。

王：是苏联人教俄语？那冯先生您现在还能不能讲俄语？

冯：有苏联人，不过那个时候的苏联人实际上不是苏联人，而是白俄。当时东北白俄不少，哈尔滨就有很多，长春也有，所以吉林大学有的俄语教师是从长春找来的白俄。白俄就是十月革命以后，有些俄国人对新政权持反对态度，他们就移民到中国来了。至于讲俄语，这么长时间不用可能不行了，但是如果你说俄语我能懂。

图 26　李荣华（左 1）、冯果忱（左 2）、苏联专家（右 2）和李岳生（右 1）在明十三陵（李荣华提供）

苏联专家与计算数学师资培训班

王：冯先生，您毕业后就开始读研究生了？

冯：没有，我毕业之后就是给徐利治先生做科研助手，但只是个名义，实际上也没有做什么事，就是跟随徐老师学习。即使是读研究生，也是苏联专家来了以后的事情。苏联专家来了以后还办了一个研究生班，名义上是研究生班，实际上就是大学生到这里来进修，那个时候不是很规范。我们虽然有研究生的名义，但既无答辩，也无学位。

中国计算数学的初创

王：徐先生把这个研究生班叫做计算数学师资培训班。

李：那个时候就是算来进修，所以徐先生的这个说法也是符合实际的。

冯：确实有过这个名字，就叫计算数学师资培训班，简称师训班。因为徐老师他本来是做纯粹数学的，但他比较注意应用，研究的内容接近于计算方法。那个时候计算机刚刚出来不久还挺时髦的，所以徐老师就变成计算数学了，但他是理论上的计算。

王：苏联专家到了以后，计算数学师资培训班是什么时候开的？清华大学的李庆扬回忆自己是 1958 年 3 月来的[①]。除此以外还有哪些人？

李：苏联专家到了以后，那些进修教师也于同期到达，所以师资培训班马上就开了。可能个别人是中途来的，到的晚一些，比如清华大学的李庆扬就是后来才到的。北大来得早，一共来了两个人。一个是许卓群，还有一个女老师叫徐萃微。除了北大与清华外，还有复旦大学蒋尔雄、兰州大学王德人、武汉大学康立山、厦门大学的杨春森、山东大学的杨培勤、云南大学的莫致中。另外还有一些人，只是那些人后来起的作用不是很大。刚才提到名字的前几个人，作用是比较大的，而且是回去以后继续研究计算数学的。

王：听苏联专家讲课的学员有 50 人？

冯：差不多啊，50 人还是有的，单单外面进修的教师就来了二三十个。

李：近似方法专门化的高年级本科生没有那么多。此外还有研究生，像徐先生的研究生王再申他们，然后就是吉林大学数学系的教师和外面来的进修老师，合在一起有 50 人，我们老数学楼东南角的教室都坐满了。

王：苏联专家到吉林大学后是不是发挥了很大的作用？他是如何开课的？用的中文版还是俄文版教材？

李：一周至少讲两到三次，讲课和讨论班都有，效果还是不错的。讲的是计算方法，后来我们翻译成中文，在人教社把它出版了[②]。另外就是专题讨论，读的是康托洛维奇与克雷洛夫的一个经典著作《高等分析近似方法》和米哈林的《解数理方程的变分方法》，对我们后来的发展都很重要。我们读的是俄文版教材，那个时候大家读俄文没什么大问题。

王：《计算方法》先有的中文版，俄文版要晚，但俄文版和中文版不太一样。中苏关系破裂有没有影响到你们和苏联专家的友谊？

---

① 赵访熊先生纪念文集编辑组. 赵访熊先生纪念文集 [M]. 北京: 清华大学出版社, 2008: 9.

② 伊·彼·梅索夫斯基赫, 吉林大学计算数学教研室, 译. 计算方法 [M]. 北京: 人民教育出版社, 1960.

李：是的，俄文版的内容要晚一些，而且内容也更多一些。中苏关系破裂后，经常有报纸讲苏联专家的坏话，我们是从来没讲过的。我们和苏联专家后来有联系，而且在 1990 年我们还请他回来过，那些进修教师很多也都来了，并且他不只到吉林大学，还去了复旦大学和中山大学，大家对他都很热情。

冯：李老师已经说过了，这个苏联专家他是不问政治的，老老实实做学问。中苏关系破裂并没有影响到我们与苏联专家的友谊，他回国后我跟苏联专家还有过通信，后来我还去过他那里。打倒"四人帮"以后，国家开始往外派进修教师，当时有联合国的一笔钱，我是到苏联，李先生是到美国，那个时候有不少学生去苏联。我大概是 1988 年或 1989 年去的，在那里待了半年。我去了苏联以后，梅索夫斯基赫才再度到中国的。在苏联我主要是在列宁格勒大学，但去的别的地方也不少。

王：冯老师，苏联专家讲学用的是俄语，您就是当场翻译么？《吉林大学自然科学学报》曾发表了苏联专家的文章，也是您翻译的？

冯：是的，当场翻译。至于苏联专家的文章，那一定是我翻译的，我当时是他的专职翻译。有的文章是他做的，我翻译的，就以他的名义发表，合作写的论文就以我们两个人的名义发表。我那个时候刚刚毕业，而且是提前毕业的。我的名义是苏联专家的研究生，徐老师的科研助手，但没跟着徐老师做研究，而是直接跟随苏联专家学的计算数学，所以说这里面我的收获是最大的。

王：吉林大学计算数学师资培训班培养研究生么？在吉林大学办计算数学师资培训班的同时，北京的中科院计算所也在办班，名字叫做计算数学训练班。

李：只能是打基础，并没有说给每个学员一个题目。但梅索夫斯基赫经常在课堂上留一些题目，这些教师们自己在底下做。你像武汉大学的康立山就是受苏联专家工作的影响，回去在中国是最早搞并行算法的。至于北京的中科院计算所，他们肯定是办了训练班，但是具体情况我就不知道了，我只知道 58 年我们派了青年教师去他们那里学习。

王：培训班的学员后来从事计算数学的研究主要就是从苏联专家学来的？

冯：也不完全是。情况是这样的，比如我和李先生，苏联专家来的时候他已经毕业很久了，我是刚刚毕业还不能独立工作。我和他虽然名义上都是苏联专家的研究生，但李先生实际上已经是讲师了，我们两个差好几年。

李：但多数进修教师回去做的工作基本是受到了梅索夫斯基赫的影响。他们做代数、做矩阵。我是更偏数学，用差分法解偏微分方程，冯先生则是真真正正

中国计算数学的初创

地搞计算。

王：苏联专家来的时候有没有带着计算机？还是说为了开展计算数学的学习，师资培训班购买了一批手摇计算机？当时你们用计算机演算过题目么？

李：没有，那个时候我们自己已经有计算机了。这些计算机不是买的，而是从唐敖庆先生①那里拨了 20 多台手摇的和电动计算机，他有这些东西。为什么唐先生那里会有计算机呢？因为理论化学需要大量地搞计算。低级的是手摇计算机，他们还有电动的，那个时候还挺珍贵的。我们确实用这些计算机演算过题目，因为要实习。苏联专家来了以后，我们在数学系成立了计算实验室，还有两个专门的实验员。

王：这个计算实验室是隶属于数学系还是学校？当时刚学计算数学时的感觉怎么样？

李：数学系。实验室大概有 20 台左右计算机，为什么数学系要成立计算实验室呢？因为梅索夫斯基赫很强调实习，所以他讲课给学生和进修教师都留有题目。我一转到这里以后，由于我本来不是搞计算的，我就用牛顿法算题，觉得很有意思。当时的感觉是这样的，我本来是学泛函分析的，那个时候势头比较好，有点不舍得。后来组织上让我去学计算数学，那时候我们讲服从组织，到里面干了一段时间以后呢，觉得计算数学也不错。而且我原来学的泛函分析还可以用进去，这是一个优势，所以我觉得还挺好。但最开始我肯定是不愿意的，心里还是更喜欢泛函分析。

王：吉林大学计算数学的风格主要是受到了列宁格勒大学计算数学的影响，注重泛函分析在计算数学中的应用？

李：我们主要是受梅索夫斯基赫和康托洛维奇的影响，他们都是列宁格勒大学的。实际上关肇直他们也是受康托洛维奇影响的，他们 20 世纪 50 年代初搞泛函分析，学的就是康托洛维奇的一个总结性文章，那时关肇直还将那本书翻译在《数学进展》上了。那本书叫《泛函分析与应用数学》，很多大学都学那本书。

王：那就是说最初吉林大学计算数学和关肇直搞的比较像，但是后来他们就不搞这个了？

李：是这样子的。他开始也是搞牛顿法、非线性方程，后来他研究搞非线性泛函，做理论研究。再往后他就转到控制去了，现在科学院数学与系统科学研究

---

① 唐敖庆（1915—2008），江苏宜兴人，理论化学家，被誉为中国量子化学之父。1952 年到吉林大学创建化学系，1956 年起任吉林大学副校长，1978—1986 年任吉林大学校长。

院中的系统科学研究所就是关肇直创建的。

王：当年师资培训班学的基本内容是什么？现代计算数学专业的学生还要不要学这些东西？

李：那些东西还要学，因为那都是很基础的东西，梅索夫斯基赫的计算方法课程里面包括多项式逼近、插值、线性代数计算，这些都是很基本的，现代学生仍然要学。但苏联专家也有个毛病，他联系计算机不行，他的那些理论如何在计算机上实现基本上没有，这个我们要等有了程序设计以后，才能将他那套方法跟计算机结合起来，但他那套方法是基本的。专题讨论做偏微分方程数值解，那个时候学的都是理论，理论不是不能用，只不过当时没有向应用方向靠拢。都是他走了以后，我们自己将它跟计算机联系起来。

王：那吉林大学大概何时有了电子计算机？

李：我们 1964 年有了一台 103，到了 1975 年就有大型计算机了，到 1983 年就更好了，从美国进口的，在东北的高等院校中我们算是比较早了。

王：苏联专家是 1957 年 9 月份来，他是什么时候离开长春的？是坐火车来和走的吗？他到长春后住在哪里？

李：1959 年 3 月份走的。来和走都是坐火车，走的西伯利亚铁路。他走的时候，我们系里还有好多学生都去长春站送他。当年他来了以后就住在这里附近，长春市专门有个苏联专家招待所。当时其他学校也有苏联专家，都住在那个楼。

冯：这个楼还在，就是长春市的一个旅馆。实际上那根本不是个楼，是个院子。

王：当时跟苏联专家有私人活动么？比如陪他外出旅游。

李：有啊，1958 年"大跃进"到北京去参观，我们几个都去了。让他去的目的就是接受教育，看"大跃进"的成绩。我记得看种的那些农产品都很大，其实他也未必信。我们还带他看土高炉，他看了之后也没有赞扬，事实上他的脸是长的。能看得出来，虽然他不说，但他对斯大林还是很讨厌的。那时候长春的人民大街①叫斯大林大街，我们有时候就故意告诉他这条街叫做斯大林大街。第二次他1990 年来的那次名字还没改，我们告诉他这条街还叫这个名字，他对斯大林非常不感冒。

---

① 人民大街是长春市区的主干道之一。正南正北贯通市区中心，全长 13.7 公里，是市区最长的街道。

图 27　苏联专家临行前与吉大数学系主要教师合影（前排左起：王湘浩、苏联专家、张守三；
　　　　后排左起：关连弟、江泽坚、王柔怀、谢邦杰. 李荣华提供）

吉林大学计算数学专业的特色与地位

王：吉林大学计算数学专业的特色是什么？

李：我们就是方向比较全，不但有近似方法，程序设计方面也有。计算数学中的几个方向我们都有，应该说在国内是小有名气的。

王：吉林大学计算数学专业的排名一直挺靠前的，这跟计算数学专业成立较早有很大关系吧？

李：是的。成立比较早且影响比较大的，我们是一个，北京大学是一个，还有南京大学，第一这 3 所大学一直都在主持高校计算数学讨论会。第二，高校有一个《高等学校计算数学学报》，学报编辑部设在南京大学，主要也是由这几所大学支持的。后来，复旦大学与清华大学的计算数学也上来了，但最早还是这 3 所大学。

冯：总体而言吉林大学的计算数学在全国高校里面还是有地位的。

王：至少在东北来看，数学包括计算数学，还是吉林大学最强。那放眼全国呢？

李：在东北我想应该还是，毕竟有老底子。但放眼全国现在的情况不容乐观。老的教师有的退休，有的去世，还有一些比较优秀的又往外调，比如蒋春澜①是很不错的，就走了。有人说，大连理工大学的数学系就是吉林大学的分系，像徐利治、王仁宏都在那儿。还有李岳生，原来也是我们这的，后来去中山大学了。还有更年轻的学有成就的往国外，去了以后就不回来了。这样就把我们的骨干力量给削弱了，要我说现在确实是在下滑。除了我刚才说的原因以外，也跟东北的地理位置和经济有关系，这个地方的待遇也比较差。

王：最后，两位老先生对我们现在数学系的学生有什么寄语？

李：现在来学数学很多主要是为了求职谋生，这个是不对的。你要有对学术献身的精神，没有这个，数学是学不好的。现在主要是这个问题，不是说把它作为很有意义的学术，自己来研究学习。实际上真学进去以后，用处又确实很大。数学就是有这个问题，大家都用，但不是简单的加减乘除。数学的应用都是很基本的，高新技术事实上最重要的就是数学。不坐冷板凳，不学到里面去，怎么才能体会到它的应用呢？还有一个问题是学生来源也不如以前了。

有好多事情，现在一直说超级计算机可以应用到天气预报，应用到地质勘探，那我就要问天气预报你怎么把数学用上去？我把天气预报数据全都输到计算机里，你去算吧。你必须把气候变化的模型数学化，得转换成非线性微分方程，转成后还要用数值方法离散化，再转成程序设计后计算机才能用。什么都没有的话你怎么算？地质勘探也是这样，探矿和石油要放炮有很多数据，从这些数据怎么能够断定地质结构？还得转成数学模型。所以说数学模型是极为重要的，一般人不懂。最后出成果，谁也不说我们数学的功劳。

---

① 蒋春澜（1957—），湖北武汉人，1992年博士毕业于吉林大学，师从江泽坚教授，2007—2019年任河北师范大学校长。

中国计算数学的初创

徐家福、苏煜城访谈录①
——南京大学计算数学专业的创办

徐家福，1924 年出生，江苏南京人，中国计算机科学和计算机软件学家。1948 年毕业于中央大学理学院数学系，毕业后留校担任助教。1953 年开始学习计算数学，1957—1959 年在莫斯科大学进修程序设计，1978 年调入计算机系，1981 年晋升为教授。徐家福是我国计算机软件方向最早的两位博士生导师（另一位为吉林大学王湘浩院士），培养出了我国软件学的第一个博士。他在计算机高级语言、新型程序设计与软件自动化等诸多领域进行了开创性研究，先后研制出中国第一个 ALGOL 系统、系统程序设计语言 XCY、多种规约语言，完成多项软件自动化系统。

图 28   与徐家福教授合影（工作人员拍摄）

苏煜城，1927 年出生，江苏扬州人。1953 年毕业于安徽大学数学系，1956 年

① 徐家福访谈录原载于《科学文化评论》2017 年第 14 卷第 5 期：36-44，令人遗憾的是，徐家福教授已经于 2018 年 1 月 16 日在南京逝世。本文收录时加入了苏煜城访谈，根据 2016 年 12 月的录音整理，未经苏煜城教授审阅。

到苏联学习计算数学，1960 年研究生毕业于苏联莫斯科大学数学力学系，获副博士学位。1962 年调入南京大学计算数学教研室，1963—1966 年担任计算数学教研室副主任，1972—1984 年担任数学专业主任，1990—2004 年担任《高等学校计算数学学报》主编，长期从事偏微分方程数值解与奇异摄动问题渐进方法、数值方法的研究。

为了详细了解南京大学数学系的早期发展与计算数学专业的创办细节，在南京大学、南方科技大学何炳生教授的介绍下，笔者到南京分别采访了徐家福、苏煜城教授，本文即为访谈后合并整理在一起的主要内容。

被访问人：徐家福、苏煜城

访问整理：王涛

访谈时间：2016 年 12 月 19—20 日

访谈地点：江苏省南京市徐家福、苏煜城教授家中

抗战时期的中央大学

王涛 (以下简称"王")：能不能简单介绍下您的学习经历？

徐家福 (以下简称"徐")：我的中学和大学都是在国立学校读的。1937 年我考取了南京第一中学，由于抗日战争全面爆发，南京一中不能开学，我就离开南京到汉口去了。当时给南京一中的学生发了借读证，凭此证可到全国各个中学，只要教室有空余座位，都可以借读。我没有去借读，而是在汉口待了一年，上午念书，下午玩耍。第二年我重新考取了国立东北中学，东北中学供吃供住，还发衣服，老师的学问、做人都很好。但我初中毕业时学校因为闹学潮，被陈立夫解散。

教育部新成立了国立十八中，所以我高中是在国立十八中读的。1944 年，我考入了国立中央大学理学院数学系，一年级二年级在重庆沙坪坝，三年级四年级回南京，1948 年毕业后留在数学系任助教。

王：中央大学在抗战时的情况如何？

徐：中央大学（以下简称中大）是国民政府重点抓的高校，虽然抗战条件困难，各方面仍尽量支持中大的发展，特别是中大的经费超过西南联大三校总和，蒋介石还曾当过 18 个月的中大校长，因此中大在抗日战争八年期间排名全国第一。抗战时期中大最开始的校长是罗家伦，他 31 岁出任清华大学校长，35 岁就到中大当校长，前后任职九年半（1932—1941），校长做得非常好，对中大的发展颇有建树。后来因为一件事情得罪了蒋介石，蒋介石就不让他做校长了。

就在罗家伦不当校长的时候，顾孟余在香港劝说汪精卫不要投敌。顾孟余是清朝时期留德的学生，由于他是汪精卫的四大红人之一，所以在全面抗战以前一直没有得到蒋介石的重用，最大给他当一个交通部的部长。但是汪精卫没有听顾孟余的劝告，两个人从此分道扬镳，一个到南京，一个到重庆。在这种情况下，蒋介石就请顾孟余出任中大校长。

王：顾孟余担任校长情况如何？

徐：顾孟余当校长的时间不长，不到两年（1941—1943），老师学生也很欢迎，他的作风与罗家伦不同，只抓大事，小事不管。也是因为一件事得罪了蒋介石，他辞去了校长之职。蒋介石有一天在重庆召开大学校长会议，顾孟余没有参加。还没开会时蒋介石就问中大谁来了，结果中大只派了训导长。会议结束后蒋介石点名批评中大，实则就是批评顾孟余。顾孟余中午知道这件事后，拿起电话就给侍从室主任陈布雷请辞。陈布雷当然挽留了，但没有效果。陈布雷就向蒋介石汇报，蒋介石说你再打电话挽留，但顾孟余还是不干。第三次蒋介石亲自打电话，顾孟余仍是不干。在这种情况之下，蒋介石决定亲自出任中大校长。

王：蒋介石在中大当校长时有无特别活动？

徐：蒋介石当校长以后，中大的体制改变了，过去大学是三长：教务长、训导长、总务长。蒋介石仿照黄埔军校的体系，设教育长，由原湖南省教育厅的厅长朱经农担任。蒋介石不在的时候，由教育长朱经农代拆代行。蒋介石第一次到学校招待七个学院的院长，四荤四素一个汤，没有大吃大喝。他担任中大校长18个月（1943—1944），到中大的次数有限，而教育长朱经农资历虽然老，但学问不行，不受教授欢迎，所以蒋介石找来陈布雷、陈立夫与朱家骅征求意见，三人异口同声说请总裁决定，蒋介石说了一句话"还是请顾先生来当吧"。

王：所以又请顾孟余回来当校长了？

徐：从蒋介石的话来看，还是请顾先生当然指的是顾孟余。但陈立夫做了手脚，他把顾孟余换成了自己的红人顾毓琇。顾毓琇虽然是南高毕业的，但在中大不受欢迎，任职一年（1944—1945）便遭到中大师生驱逐，由西南联大理学院院长吴有训接任。吴有训到校后，提出一切党派退出学校，延揽名师，深受好评，然在校的时间不长（1945—1947），1947年"五二〇"运动后实际就不再当校长了，因为他是支持学生运动的。实际上，早在1946年他刚来重庆当中大校长不久，便带头参加"一·二五"游行运动，走在游行队伍的第一排。

王：吴有训就是因为"五二〇"运动而被免职了？

徐：是的。"五二〇"运动吴有训没有参加，因为蒋介石抓得很紧。1947年5月18日，南京街头贴了布告，说明得不到政府同意的集会游行是非法的，并且对吴有训施压，所以中大在5月19日下午4点钟在大礼堂开会。会上吴有训劝同学们悬崖勒马，不要做无谓的牺牲，实际上吴是爱护学生的，但运动第二天仍正常举行，我参加了，不少学生挨打受伤。"五二〇"运动后吴有训就出国了，由医学院院长戚寿南代理中大校长。戚寿南这个人医学水平很高，过去得了肺病是大病，要查肺结核必须通过X光，戚寿南可以不用仪器直接听出来，蒋介石、宋美龄、陈立夫都曾请他看过病。抗战时期中大医学院在成都，戚寿南每半个月给当地百姓义诊一次。

戚寿南短暂代理校长之后由我的老师周鸿经出任中大校长（1948—1949）。那时国民党的形势越来越不利，教育部长朱家骅令周鸿经搬迁学校，他为此做了一些准备工作，雇了一些人日夜打造箱子，准备用来装载图书仪器。当时的局势和1937年罗家伦把中大由南京一步到位搬到重庆完全不同，教师学生大都反对。周鸿经没有办法，最后一个人离开了学校，到中央研究院接替萨本栋担任了几个月的总干事。1956年周鸿经到美国去讲学，然而不幸得了癌症，55岁就去世了。

王：那中央大学是如何变成今天的南京大学的？

徐：周鸿经走后中大成立了一个维持会，公推了一些教授，我举几个名字，比如后来第一任林垦部的部长，我们学校森林系的教授梁希，他是进步的，站在共产党一边的；后来出任南大校长的潘菽，他是心理系的教授，也是支持共产党的；此外还有胡小石、楼光来等。1949年4月23日解放军占领南京，8月学校改名为国立南京大学，50年3月再改名为南京大学。

1952年8月全国高等学校院系调整，南京大学分散为多个学校，原来的工学院变成了南京工学院，农学院变成了南京农学院，林学系与森林系变成了南京林学院，医学院变成了第二军医大学，师范学院变成了南京师范学院，航空系独立变成了西工大，不是现在的南航……文、理、法三个学院与金陵大学的文理两个学院合并，组成了今天的南京大学。

中央大学数学系概况

王：能否简单介绍一下抗战时期中央大学数学系的概况？

徐：中大数学系隶属于理学院，当时的院长是孙光远，他是1928年芝加哥

中国计算数学的初创

大学毕业的博士，是我们国家最早在国际数学杂志上发表论文的数学家之一。回国后孙光远先是在清华大学数学系任教授，主要带出了三个学生，第一是陈省身，第二是吴大任，第三就是我的老师施祥林，搞拓扑的。1933 年孙光远从清华到中大，当了两年的数学系主任，1935 出任理学院院长，前后当了 13 年半。数学系的主任由胡坤陞继任，他是我们国家第一个搞变分法的人，学问好，书也教得好。

王：那中大数学系与西南联大的数学系相比如何？

徐：客观来说，中大数学系在全面抗战以前大概能排到第三的位置，第一是清华，第二是浙大，第三就是我们。中大数学系资格是老的，师资也是不错的，但抗战时期除了周鸿经以外几乎没人搞研究，所以到抗战胜利以后，中大数学系就下降了，排不到第三了，可能到第五第六了。因此，西南联大虽然整体上不及中大，但数学系却要比中大强。

王：周鸿经的情况能不能简单介绍一下？

徐：周鸿经是 1927 年从东南大学算学系毕业的，学得非常好，毕业后先后在厦门大学和南京中学任教。1929 年周鸿经到清华大学任教员，1934 年庚款派出去到英国留学，在伦敦大学攻读硕士，硕士毕业答辩的主考是著名数学家哈代，哈代对周鸿经的工作非常赞赏，建议他留下来继续攻读博士。周鸿经本来已经决定留下来了，这时先后爆发了"七七事变"与"八一三事变"，周鸿经报国心切提前回国，受罗家伦聘请担任中大数学系的教授。1941 年顾孟余出任校长后周鸿经又被任命为训导长。

由于周鸿经是朱家骅的红人，所以 1944 年周鸿经又担任了教育部高教司的司长。虽然他身兼数职，但没有放弃做学问，全面抗战八年期间，整个中大数学系只有他一个人做研究。我四年级的毕业论文就是他带的，那时他已经是中大校长了，忙得不得了，但带我的论文仍是很负责的，给了我 75 分。那时 75 分跟现在是两码事，这个分数是很高的。

王：那中大复员到南京后数学系的实力有无增强？

徐：1946 年回到南京，中大数学系的教授一共有孙光远、周鸿经、曾鼎龢、施祥林、管公度这几个人。原来的系主任胡坤陞是四川人，因为他夫人有病，所以46 年就没有回来，先是在重庆大学数学系当系主任和教授，后来由重大又到了川大，1959 年因病去世。因此一直到 1949 年以前，中大数学系的实力非但没有增强，反而又削弱了。

174

南京大学数学系的早期发展

王：中华人民共和国成立后南大数学系的情况如何？

徐：中华人民共和国成立后，南大数学系的教授进一步减少了。曾鼎龢1950年从南大去了天津，在南开当了多年的数学系主任。他是孙光远在清华时的学生，在法国获得的博士学位。管公度曾留学英国，1949年离开了，这件事和我还有一些关系。管跟我说他要回桂林，因为他的夫人在桂林，然后就从桂林跑到台湾去了。到了台湾后，管公度出任了台湾省立师范学院数学系的主任，也就是今天的台湾师范大学。所以数学系在50年代初，曾鼎龢到南开去了，管公度逃跑了，就剩孙光远、施祥林两个教授，实力进一步削弱了。

为此，数学系在这一时期聘请了两个教授，一个是曾远荣，他是中国泛函分析第一人，芝加哥大学1933年的博士。曾远荣这个人学问非常好，但课教不好。曾远荣教课时手里捧着几本外文书，到教室后在黑板上写几个题目，讲完一个题目后就在书上读几句，英文读得很漂亮，但学生就是听不懂。另一位新来的老师叫孙增光（字叔平），也是我们的校友，学问虽然不如曾先生，但课教得很好，抗战以前还跟孙光远合作写过一本微积分的书[①]，影响不小。

王：这一时期数学系主要由谁来负责？

徐：胡坤陞后数学系的主任是施祥林。我在中大数学系读书时施祥林教过我四门课：方程式论、微分几何、射影几何与拓扑学，教得非常好。1951年，施祥林辞去了数学系主任的职务，数学系民选孙光远为系主任，52年院系调整后孙光远仍担任系主任，叶南薰为副主任。叶南薰同时是学校的总务长，他并始不怎么管数学系的事，直到1958年继任数学系的主任。

王：1952年院系调整后数学系的实力如何？

徐：1952年院系调整后，金陵大学数学系并入南京大学，比如周伯薰就是从金陵大学合并来的，主要做代数。南京大学数学系的实力有所增强，并初步形成了几个研究方向。微分方程方向的负责人是徐曼英，下有叶彦谦、王明淑等。徐曼英是南高最后一届，东南大学的第一届毕业生。这位女老师教书非常好，早在中央大学时期，师生便一致认为徐曼英在六位授微积分课的老师中名列第一。南大数学系几何方向的实力很强，有孙光远、施祥林、黄正中三个教授，其中孙光远负责射影几何，黄正中负责微分几何，施祥林负责拓扑学。

---

① 孙光远, 孙叔平. 微积分学 [M]. 上海: 商务印书馆, 1940.

王： 施祥林负责的拓扑学发展如何？

徐： 施祥林这个人学问非常好，1941 年在哈佛获得博士学位，当时哈佛的拓扑学是世界一流的。因为 1941 年他读完博士以后，遇到了珍珠港事件回不来，就留在美国工作了。他曾经在美国人口局工作一年，主要做的是数学工作。但后来有人抓住他这一点，说美国人口局还了得，肯定是特务机关，实际上是冤枉他了。所以施祥林的心情经常不好，否则南大拓扑学应该会有更好的发展。

计算数学专业的创办

王： 南大计算数学是如何缘起的？

徐： 除了微分方程、几何学、代数学以及数理逻辑等几个研究方向以外，计算数学这个方向可以说是南大数学系 50 年代的亮点之一。1952 年院系调整完成以后，从 1953 年开始，高教部号召大学要搞科研。搞科研首先需要明确方向，曾远荣是我们国家泛函分析第一人，他在希尔伯特空间有很大贡献，专门有一个算子叫曾算子。因此泛函分析领域的研究由他来抓是最合适不过的，结果曾远荣不肯。他在系里反复强调说泛函分析固然很重要，但计算数学对我们国家的建设更直接，他要搞计算数学。

王： 那后来的情况如何？

徐： 这个事情持续了一个月，我就向学校反映了。当时我是系秘书，照理讲我应该听系主任的。但那时系主任要听系秘书的话。所以孙光远虽然是系主任，我的老师，但要听我的。我向学校反映后学校的党委书记孙叔平说让我来跟他谈谈，他就找曾先生谈了 40 分钟。谈完后孙书记一个电话打给我，他说根据我们谈话的情况，我觉得曾先生的态度还是比较诚恳的，你们就听他的话吧。所以 1953 年数学系成立了函数论教研组，虽然教研组的名字叫函数论，但主要研究方向却是计算数学。

王： 也就是说南大搞计算数学的想法从 1953 年就开始了？

徐： 是的。当时曾远荣看准了计算数学这个方向，所以我从 1953 年就开始读计算方法方面的书，有苏联的，也有英美的，都是曾先生点的让我们读，读起来感觉并不是很难。当时主要抓三个方向，第一个是代数方程的数值解法，第二个是常微分方程的数值解法，第三个是偏微分方程的数值解法。教研组除了我以外还有何旭初，他是 1946 年从中大数学系毕业的，数学比我好得多，他计算方法都是自学，而且学得非常好。

王：您当时就是一边教课一边读计算方法方面的书？

徐：是的，但到 1956 年暑假我就脱产了。这一年国家制定了《十二年科技规划》，准备大力发展计算技术。这时学校党委决定派我去苏联进修，向系里咨询学习方向，曾先生坚持我读程序设计。当时我思想不通，因为计算方法我已经学了一段时间了，程序设计则要从头开始，但最后还是听从了曾先生的建议。我从1956 年暑假开始在南大学俄语，学校专门派了 3 位老师教。到了苏联以后我才觉得曾先生的话是对的，为什么呢？因为计算方法国内已经有人在从事研究，而程序设计国内当时一个也没有。所以曾先生不止看准了计算数学这个方向，还看准了程序设计这个方向。

王：那您算是国内最早搞程序设计的人了？

徐：现在来看，我可以说是最早的三人之一，另外两个是杨芙清和许孔时。杨芙清也是留学苏联，并且跟我是同一个导师，她是国人在程序自动化方向做出出色研究成果的第一人。许孔时接触程序设计也是很早的，但他是党和行政的领导，所以时间比较紧张，主要是指导董韫美搞。董韫美是吉林大学毕业的，1956 年毕业后分配到中科院计算所，在程序设计方面做得很好。

王：在苏联学习计算数学的还有谁？

徐：1957 年 8 月，我从北京出发坐火车到莫斯科，1959 年 8 月回国，在苏联进修学习了两年，导师是苏联的舒拉-布拉，他是苏联程序设计的鼻祖。当时在莫大学习计算数学的除了我以外，还有北京大学的杨芙清、吴文达，江苏师范学院的苏煜城，兰州大学的唐珍等。我与杨芙清、唐珍学习程序设计，苏煜城、吴文达主要学习计算方法。

王：那南大何时成立了计算数学专业和计算数学教研室？

徐：数学系在 1956 年以前已经由何旭初开出了计算方法的课程。1956 年，函数论教研组又在数学专业内开设了计算方法专门化。在此基础上，数学系在 1958年正式创办了计算数学专业，并相应成立了计算数学教研室。计算数学教研室的主任为何旭初，主要负责计算方法，他是南大计算数学的灵魂人物，可惜去世得太早。我是副主任，主要负责程序设计。曾远荣仍留在函数论教研室，研究泛函分析。1962 年，苏煜城从苏联获得副博士学位不久调到了南大计算数学教研室，紧接着留德多年的包雪松也来到计算数学教研室，南大计算数学方向的实力进一步增强。

图 29　苏煜城（前排）、索伯列夫（中排）、徐家福（后排左 1）、舒拉–布拉（后排左 2）、杨芙清（后排右 2）、唐珍（后排右 1）在一起讨论问题（徐家福提供）

王：苏先生，您是如何到苏联留学的？

苏煜城（以下简称"苏"）：我是 1953 年大学毕业于安徽大学数学系，然后分配到江苏师范学院数学系工作，江苏师范学院就是现在的苏州大学。在那里工作了两年以后，组织上看到我这个人表现不错，决定派我到苏联去读研究生。所以1955 年暑假以后，我就到北京俄语学院留苏预备部去报到。在那里学习了一年俄语，1956 年 11 月，我就到苏联留学去读研究生了。

王：您一开始就确定学习计算数学了吗？

苏：没有，当时江苏师范学院准备让我去学复变函数。在北京学习俄语期间，我与唐珍拜访了华罗庚，唐珍是从兰州大学来的。华罗庚建议我们两个不要学函数论，应该学计算数学。在中国，最早提倡发展计算数学的是华罗庚。我们到了苏联以后，那边的支部书记是李德元，他也建议我们学习计算数学。李德元后来奉命调入二机部九所工作，参与了我国核武器的研制。

我们被分配到莫斯科大学数学力学系计算数学教研室，我的导师是刘斯切尔尼克，他是苏联科学院的通讯院士。唐珍的导师是舒拉–布拉，学习程序设计，与杨芙清、徐家福是一个导师。我的导师学问很深，研究领域非常广泛，在变分学、拓扑学、偏微分方程、泛函分析都有创造性的工作。他是在二战期间为了反对法西斯而转入计算数学。我们的关系非常好，我很怀念我的导师。

王：您在苏联学习的情况如何？

苏：莫斯科大学数学力学系的学术氛围非常浓厚，我受到的影响很大。我的导师对我也非常关心，由于我上大学时正值建国初期，恰逢"三反""五反"运动与思想改造，基本上是上午学习，下午运动，基础没有打好，实际上只学了微积分。后来我在江苏师范学院工作了两年，完全靠自己自学，然后给学生上习题课，把课程讲得比较好，所以学校就派我来了。

我把这些情况告诉导师，他给我制定了很好的学习计划，我顺利地通过了3个考试。第一个考试是数学物理方程，我之前根本没学过。导师让我念3本书，从简单到深奥的。他给我讲数学物理方程是数学中的数学，涉及的面很广，叮嘱我一定要学好。第二个是泛函分析，第三个是计算数学，也是念了好几本书。通过这3个考试以后，我就开始做毕业论文。我的论文题目是"消参数在高阶导数上双曲型退化方程的渐进解"，1960年12月顺利通过答辩。后来由于中苏关系紧张，我先期回国没能拿到学位证书。但我所有的答辩是有记录的，杂志上也刊登了我论文获得通过的消息。

王：苏先生，您从苏联回来后就直接去南京大学了？

苏：从苏联回来后我在北京学习了一段时间的政治，因为要反对苏修。1961年6月，我回到了江苏师范学院，在那里工作了一年多。1962年10月，我调入南京大学计算数学教研室。当时的教研室主任是何旭初，副主任是徐家福。到了南京大学以后，我给学生开了计算方法的课程，一共教了两届，直到"四清运动"与"文化大革命"的爆发。1972年南大数学系开始招收工农兵学员，我负责计算数学专业，一直到1984年。何炳生、丁玖都是我的学生，我教过他们课。

"文化大革命"后，我转入奇异摄动的研究，一开始我搞的是渐进方法，其实就是导师教给我的消参数在高阶导数微分方程的渐进解，后来叫奇异摄动。由于我是学计算数学的，所以我开始搞数值方法，我是第一个提出研究奇异摄动问题数值方法的人，最后出了一本书《奇异摄动问题数值方法引论》，其实就是我给研究生讲讨论班的教材，这本书后来得到过国家教委一等奖。我一共带了15个研究生，很多做得都非常好。我从事的奇异摄动研究得到了钱伟长与钱学森的支持，有一次在力学会议上，钱学森提到国内好像有人在从事这个研究，九所的周毓麟说道，南京大学数学系的苏煜城是专门研究这个问题的。这里面对我帮助最大的是钱伟长，他非常赞成我搞数值方法的研究。

王：南大与北大、吉大差不多同时成立了计算数学专业，是国内最早创办计算数学专业的几个高校之一。

图 30　与苏煜城教授合影（工作人员拍摄）

徐：是的，影响最大的就是这三个学校。我接触到北大与吉大计算数学方面的人是在 1961 年在北京召开的高教部通用教材会议上。当时数学有一个核心组，我是五位成员之一，组长是北京大学的段学复，副组长是吉林大学的王湘浩，会议期间我和王先生住在同一个房间。对于计算数学来说通用教材主要是两门，一门是计算方法，另一门是程序设计。北大、吉大、南大、复旦都送了教材，但核心组都不满意。

后来会上做了决定，程序设计由于篇幅不大，决定就由参加会议的三个人在会上写。这三人分别是北大的杨芙清，南大的我，还有复旦大学的一个年轻助教闻人德泰。我们三个人写好后由杨芙清带回北大后加工，那个时候写教材都不署名，只标注单位。《程序设计》由北京大学、复旦大学、南京大学合编，《计算方法》由北京大学、吉林大学、南京大学合编。这两本书各个学校用了很长一段时间，所以影响还是很大的，而南京大学是两本书编写的主要单位之一，可以表明南大计算数学当时在全国的地位。

苏：在这里我想重点讲一下何旭初的事情。何旭初可以说是办了 3 件事，对南京大学计算数学的发展有很大贡献：

（1）他是计算数学教研室主任，长期负责教研室建设。

（2）20 世纪 80 年代，他主编了一套"计算数学丛书"，内容涉及数值代数、常微分方程数值解、偏微分方程数值解等。因为当时书荒，这套书发行量很大，所以影响也不小。

（3）他还发起了一个高校计算数学会议，创办了《高校计算数学学报》，由教育部委托南京大学负责发行。

何旭初 1990 年去世以后，学报就由我来负责了。我做了 14 年的主编，占用了我很多时间。我当时很严格，稿件要二审通过，最后由编委会来定稿。一直到 2009 年之前，我还给学报看过稿子。南大计算数学方向比较全，有最优化方法、数值代数、常微分方程与偏微分方程数值解等。我现在走不动路，已经好多年没去学校了，现在的年轻人也不认得了。

王：听了您们的讲解，我对中央大学数学系从抗战时期到 1958 年南京大学数学系的一些情况有了初步的了解，其中关于南京大学计算数学专业创办的部分内容对开展计算数学在中国发展的研究很有帮助，非常感谢您们接受此次采访！

参 考 文 献

[1] 王元. 数学大辞典 [M]. 2 版. 北京: 科学出版社, 2019: 975.

[2] 张平文. 计算数学学科发展和人才培养 [J]. 数学通报, 2010, 49(10): 1-7.

[3] 石钟慈. 第三种科学方法: 计算机时代的科学计算 [M]. 北京: 清华大学出版社, 2000: 1-14.

[4] 胡作玄. 近代数学史 [M]. 济南: 山东教育出版社, 2006: 21.

[5] 吴文俊, 沈康身. 中国数学史大系: 副卷第 1 卷 [M]. 北京: 北京师范大学出版社, 2004.

[6] PHILLIPS G M. Archimedes the numerical analyst[J]. The American Mathematical Monthly, 1981, 88(3): 165-169.

[7] 郭园园. 代数溯源: 花拉子密《代数学》研究 [M]. 北京: 科学出版社, 2020: 11.

[8] 郭园园. 阿尔·卡西代数学研究 [M]. 上海: 上海交通大学出版社, 2017: 1-226.

[9] TREFETHEN L N. The definition of numerical analysis[R]. Ithaca: Cornell University, 1992.

[10] GOLDSTINE H H. A history of numerical analysis from the 16th through the 19th century[M]. Berlin-Heidelberg-New York: Springer-Verlag, 1977.

[11] BENZI M. Key moments in the history of numerical analysis[EB/OL].[2019-11-11] http://history.siam.org/pdf/nahist_Benzi.pdf.

[12] F. 克莱因. 数学在 19 世纪的发展: 第 1 卷 [M]. 齐民友, 译. 北京: 高等教育出版社, 2010: 1-5.

[13] 胡作玄, 邓明立. 20 世纪数学思想 [M]. 济南: 山东教育出版社, 1999.

[14] BREZINSKI C, WUYTACK L. Numerical analysis in the twentieth century[C]// BREZINSKI C, WUYTACK L. Numerical analysis: historical developments in the 20th century. Amsterdam: Elsevier, 2001: 1-40.

[15] WATSON G A. The history and development of numerical analysis in Scotland: a personal perspective[C]// Bultheel A, Cools R. The birth of numerical analysis. Singapore: World Scientific Publishing, 2010: 161-177.

[16] BENZI M, TOSCANO E. Mauro Picone, Sandro Faedo, and the numerical solution of partial differential equations in Italy (1928-1953)[J]. Numerical Algorithms, 2014, 66(1): 105-145.

[17] COURANT R. Variational methods for the solution of problems of equilibrium and vibrations[J]. Bull. Amer. Math. Soc., 1943, 69: 1-23.

[18] GOLDSTINE H H. The computer from Pascal to von Neumann[M]. Princeton: Princeton University Press, 1972.

[19] TOURNÈS D. Mathematics of engineers: Elements for a new history of numerical analysis[C]//Proceedings of the International Congress of Mathematicians, vol. 4, Seoul, 2014: 1255-1273.

[20] 郭书春. 中国科学技术史: 数学卷 [M]. 北京: 科学出版社, 2010.

[21] 中国科学院自然科学史研究所. 中国古代重要科技发明创造 [M]. 北京: 中国科学技术出版社, 2016.

[22] 郭金海. 现代数学在中国的奠基: 全面抗战前的大学数学系及其数学传播活动 [M]. 广州: 广东人民出版社, 2019.

[23] 王元. 20 世纪中国知名科学家学术成就概览·数学卷 (4 册)[C]. 北京: 科学出版社, 2012.

[24] 张奠宙. 中国近现代数学的发展 [M]. 石家庄: 河北科学技术出版社, 2000.

[25] 刘儒勋. 从在科大的切身感受谈计算数学的普及、教育和发展 [J]. 科学计算与信息教育暨普及工作研讨会, 2001.

[26] BOURBAKI N. Elements of the history of mathematics[M]. Berlin: Springer, 1994.

[27] KLINE M. Mathematical thought from ancient to modern times[M]. New York: Oxford University Press, 1972.

[28] 多维克. 计算进化史：改变数学的命运 [M]. 劳佳, 译. 北京: 人民邮电出版社, 2017.

[29] LAX P D. The flowering of applied mathematics in America[C]//DUREN P. A century of mathematics in America, Part II. Providence: 455-466.

[30] LAX P D. 应用数学三十年 [J]. 汪菲, 译. 自然杂志, 1979, 2(1): 16-17.

[31] CHABERT J L. A history of algorithms: from the pebble to the microchip[M]. New York: Springer, 1999.

[32] NASH S G. A history of scientific computing[C]. New York: ACM Press, 1990.

[33] BREZINSKI C, WUYTACK L. Numercial analysis: historical developments in the 20th century[C]. Amsterdam: Elsevier, 2001.

[34] BULTHEEL A, COOLS R. The birth of numerical analysis[C]. Singapore: World Scientific Publishing, 2010.

[35] BREZINSKI C. History of continued fractions and Padé approximants[M]. Berlin: Springer-Verlag, 1991.

[36] BREZINSKI C, Tournès D. André-Louis Cholesky, mathematician, topographer and army officer[M]. Basel: Birkhäuser, 2014.

[37] MOL DE L, BULLYNCK M. Making the history of computing. The history of computing in the history of technology and the history of mathematics[J]. Revue de Synthèse, Springer Verlag/Lavoisier, 2018, 139(3-4): 361-380.

[38] SHI Z C, YANG C C. Computational mathematics in China[C]. American Mathematical Society: Contemporary Mathematics(Vol. 163), 1994.

[39] 石钟慈. 中国计算数学 50 年[EB/OL]. [2019-11-11] http://www.polyu.edu.hk/ama/CAM/cam-net/CM-hist.pdf.

[40] 余德浩. 计算数学与科学工程计算及其在中国的若干发展[J]. 数学进展, 2002, 31(1): 1-6.

[41] 鄂维南, 许志强. 中国计算数学会 [J]. 科学新闻, 2015, (12): 46-47.

[42] 刘秋华. 二十世纪中外数学思想交流[M]. 北京: 科学出版社, 2010.

[43] 中国科学院计算技术研究所. 中国科学院计算技术研究所三十年 (1956-1986)[Z]. 1986.

[44] 张久春, 张柏春. 20 世纪 50 年代中国计算技术的规划措施与苏联援助 [J]. 中国科技史料, 2003, 24(3): 189-215.

[45] 黄鑫. 中国第一个计算技术规划及其影响 [D]. 呼和浩特: 内蒙古师范大学, 2010.

[46] 徐祖哲. 溯源中国计算机 [M]. 北京: 生活·读书·新知三联书店, 2015.

[47] 夏培肃. 我国第一个电子计算机科研组 [J]. 中国科技史杂志, 1985, 6(1): 13-18.

[48] 汪晓勤. 石钟慈院士采访记 [J]. 中国科技史杂志, 2001, 22(1): 45-52.

[49] 余德浩. 冯康——中国科学计算的奠基人和开拓者 [J]. 科学, 2001, 53(1): 49-51.

[50] 余德浩. 冯康院士与科学计算 [J]. 数学通报, 2005, 44(9): 6-9.

[51] 余德浩. 冯康院士与科学计算 (续) [J]. 数学通报, 2005, 44(10): 4-7.

[52] 宁肯, 汤涛. 冯康传 [M]. 杭州: 浙江教育出版社, 2019.

[53] 程民德. 中国现代数学家传 (5 卷) [C]. 南京: 江苏教育出版社, 1994, 1995, 1998, 2000, 2002.

[54] 卢嘉锡. 中国现代科学家传记 (6 集)[C]. 北京: 科学出版社, 1991, 1992, 1993, 1994, 1994.

[55] 王元. 中国科学技术专家传略·数学卷 (2 册) [C]. 石家庄: 河北教育出版社, 1996. 北京: 中国科学技术出版社, 2006.

[56] 徐利治 (口述), 袁向东, 郭金海 (访问整理). 徐利治访谈录 [M]. 长沙: 湖南教育出版社, 2009.

[57] 徐利治 (口述), 郭金海, 袁向东 (访问整理). 徐利治: 从留学英国到东北人民大学数学系 [J]. 中国科技史杂志, 2004, 25(4): 345-361.

[58] 李荣华. 李荣华数学文选 [M]. 长春: 吉林大学出版社, 2009.

[59] 徐家福. 萍踪追忆 [M]. 北京: 清华大学出版社, 2010.

[60] 王涛. 计算数学在中国: 黄鸿慈教授访谈录 [J]. 科学文化评论, 2018, 15(5): 68-79.

[61] 王涛. 华罗庚与中国计算数学 [J]. 数学文化, 2016, 7(2): 38-51.

[62] 王涛. 吉林大学创办计算数学专业的人和事 [J]. 数学文化, 2016, 7(3): 38-51.

[63] 王涛. 回顾吉林大学早期的计算数学专业: 李荣华、冯果忱教授访谈录 [J]. 中国科技史杂志, 2016, 37(3): 383-392.

[64] 王涛. 苏联计算数学的传入: 以吉林大学计算数学专业创建为例 [J]. 中国科技史杂志, 2020, 41(4): 522-533.

[65] 王涛. 南京大学计算数学专业的创办 [J]. 数学文化, 2017, 8(2): 63-78.

[66] 王涛. 从中央大学数学系到南京大学计算数学专业: 徐家福教授访谈录 [J]. 科学文化评论, 2017, 14(3): 36-44.

[67] 王涛. 杨芙清访谈录: 《数学文化》专访杨芙清院士 [J]. 数学文化, 2018, 9(1): 38-50.

[68] 中国科学院编译出版委员会. 十年来的中国科学: 数学 [M]. 北京: 科学出版社, 1959.

[69] 王元. 华罗庚 [M]. 北京: 开明出版社, 1994.

[70] 孔繁岭. 抗战时期的中国留学教育 [J]. 抗日战争研究, 2005, (3): 88-120.

[71] 袁向东. 华罗庚致陈立夫的三封信 [J]. 中国科技史料, 1995, 16(1): 60-67.

[72] HARDY G H. A Mathematician's Apology[M]. Cambridge: Cambridge University Press, 1940.

[73] 郭金海. 1940 年中央研究院第二届评议员的选举 [J]. 自然科学史研究, 2009, 28(4): 399-421.

[74] 孙安全. 华罗庚关于重视纯粹科学研究问题与陈立夫来往函 [J]. 民国档案, 1987, 3(3): 44.

[75] RICHARD J W, SERME A. The Intellectual Journey of Hua Loo-keng from China to the Institute for Advanced Study: His Correspondence with Hermann Weyl[J]. Studies in Mathematical Sciences, 2013, 6(2): 71-82.

[76] 王元, 杨德庄. 华罗庚的数学生涯 [M]. 北京: 科学出版社, 2005.

[77] 李旭辉. 李郁荣博士传略 [J]. 中国科技史料, 1996, 17(1): 63-70.

[78] 李旭辉. 30 年代 N. 维纳访问清华大学函电始末 [J]. 中国科技史料, 1998, 19(1): 42-51.

[79] 魏宏森. N. 维纳在清华大学与中国最早计算机研究 [J]. 中国科技史料, 2001, 22(3): 225-233.

[80] 杨利润. 20 世纪 40 年代计算机知识在我国的传播 [D]. 呼和浩特: 内蒙古师范大学, 2011.

[81] 郭金海. 1945 年华罗庚对中国发展计算机的建议及其流变 [J]. 内蒙古师范大学学报 (自然科学汉文版), 2019, 48(6): 479-490.

[82] 林亚南, 王涛. 南方之强: 建国初期异军突起的厦门大学数学系[J]. 数学文化, 2020, 11(2): 45-64.

[83] 郭金海. 中央研究院与华罗庚对苏联的访问 [J]. 中国科技史杂志, 2020, 41(4): 496-509.

[84] RICHARD J W, 袁红. 华罗庚与赫尔曼·外尔 [C]//丘成桐, 杨乐, 刘克峰, 等. 百年数学. 北京: 高等教育出版社, 2014: 315.

[85] 曹锡华. 华罗庚在普林斯顿 [N]. 新华日报, 2011-09-24(B7).

[86] 林士谔. 论劈因法解高阶特征方程根值的应用问题 [J]. 数学进展, 1963, 6(3): 207-217.

[87] 永恒的陀螺精神编委会. 永恒的陀螺精神: 纪念林士谔先生百年诞辰 [M]. 北京: 北京航空航天大学出版社, 2013.

[88] 汪祖鼎. 他应该也是一位院士: 追忆 35 届校友董铁宝教授 [C]//李雄豪. 我和南模: 第四辑. 南洋模范中学校友会, 2011: 16-18.

[89] 赵访熊先生纪念文集编辑组. 赵访熊先生纪念文集 [M]. 北京: 清华大学出版社, 2008.

[90] 周文业. 清华名师风采: 理科卷[C]. 济南: 山东画报出版社, 2011.

[91] 杜瑞芝, 姜文光. 传奇数学家徐利治 [M]. 哈尔滨: 哈尔滨出版社, 2019.

[92] 董光璧. 中国近现代科学技术史 [M]. 长沙: 湖南教育出版社, 1997.

[93] WANG Z, GUO J. Transnational Mathematics and Movements: Shiing-shen Chern, Hua Luogeng, and the Princeton Institute for Advanced Study from World War II to the Cold War[J]. Chinese Annals of History of Science and Technology, 2019, 3(2): 118-165.

[94] 普林斯顿高等研究院华罗庚档案.

[95] 任南衡, 张友余. 中国数学会史料 [M]. 南京: 江苏教育出版社, 1995: 179-184.

[96] 李文林. 从蓝图到宏业——华罗庚的所长就职报告与中国科学院的数学事业 [J]. 中国科学院院刊, 2019, 34(9): 1028-1035.

[97] 中国科学院 Z370-00008-001 号档案 [R]. 数学所成立后发展方向的意见与年度工作报告.

[98] 刘瑞挺. 中国计算机奠基人之一: 夏培肃院士 [J]. 计算机教育, 2003, 12: 18-20.

[99] 访苏代表团. 中国科学院关于访苏代表团工作的报告 [J]. 科学通报, 1954, 5(4): 12-14.

[100] 华罗庚. 对苏联数学研究工作的认识 [J]. 科学通报, 1953, 4(8): 4-9.

[101] 华罗庚. 在中国数学会学术讨论会上的开幕词 [J]. 数学通报, 1953, 3(11): 43-44.

[102] 华罗庚. 访苏点滴体会 [N]. 人民日报, 1953-10-11(3).

[103] 华罗庚. 对于展开数学研究工作的意见 [J]. 科学通报, 1954, 5(10): 51-55.

[104] 姚芳. 20 世纪 50 年代中苏数学交流的特点及其对中国数学发展的影响[J]. 自然科学史研究, 2002: 21(3): 244-254.

[105] 中国科学院 Z370-00015-001 号档案 [R]. 数学所 1954 年工作计划.

[106] 康托洛维奇, 等. 三十年来的苏联数学 (1917-1947): 近似方法 [M]. 林鸿荪, 译. 北京: 中国科学院, 1954.

[107] 中国科学院 Z370-00023-002 号档案 [R]. 数学所 1955 年科研工作计划与总结.

[108] 中国科学院 Z370-00021-021 号档案 [R]. 计算数学小组培养干部的计划 (1955-1956).

[109] 中国科学院 Z370-00029-001 号档案 [R]. 关于数学所科研工作存在的问题与改进意见.

[110] 中国科学院 Z370-00012-001 号档案 [R]. 中国科学院数学研究所五年计划.

[111] 中国科学院. 中国科学院关于制定中国科学院十五年发展远景计划的指示 [J]. 科学通报, 1955, 6(11): 16-18.

[112] 中国科学院 Z370-00022-001 号档案 [R]. 数学所十五年远景规划的初步意见与讨论会记录.

[113] 中国科学院 Z370-00030-002 号档案 [R]. 数学所数学研究十二年远景规划初步意见 (草案).

[114] 郭金海. 实践"计划科学": 1955-1956 年中国科学院两个长期规划的制订与影响 [J]. 自然科学史研究, 2019, 38(2): 140-164.

[115] 张久春, 张柏春. 规划科学技术:《1956-1967 年科学技术发展远景规划》的制定与实施 [J]. 中国科学院院刊, 2019, 34(9): 982-991.

[116] 关肇直. 关于制定科学工作远景计划的意见: 发展我国的计算数学 [J]. 科学通报, 1956, 7(3): 31-34.

[117] 涂元季, 莹莹. 钱学森故事 [M]. 北京: 解放军出版社, 2011: 94.

[118] 中国科学院 A013-00003-002 号档案 [R]. 计算技术 41 项任务和中心问题初稿.

[119] 中共中央文献研究室. 一九五六——一九六七年科学技术发展远景规划纲要 (修正草案) [C]//建国以来重要文献选编: 第 9 册. 北京: 中央文献出版社, 2011: 373-459.

[120] 夏培肃. 回忆我国第一个电子计算机科研小组 [C]. 中国科学院计算技术研究所三十年 (1956-1986), 1986.

[121] 席南华, 尚在久, 孙笑涛. 数学的乐园: 庆祝中国科学院数学研究所成立 60 周年 [C]. 北京: 科学出版社, 2014: 169-192.

[122] 关肇直. 记第三届全苏联数学大会 [J]. 数学进展, 1956, 2(4): 721-728.

[123] 中国科学院 Z370-00031-004 号档案 [R]. 数学所关于参加全苏第三届数学大会事.

[124] 夏培肃. 华罗庚与中国计算技术 [EB/OL]. http://www.cas.cn/zt/rwzt/jnhlgdcybzn/hyyjn/201011/t20101111_3009263.html.

[125] 中国科学院 A013-00009-007 号档案 [R]. 关于返聘专家回国工作的函.

[126] 华罗庚. 希望我国科学新生力量很快成长 [N]. 人民日报, 1957.01.25(7).

[127] 中国科学院 A013-00007-007 号档案 [R]. 计算技术紧急措施中有关与高教部商调事项.

[128] 中国科学院 A013-00007-001 号档案 [R]. 关于调数学、物理所等同志到计算所筹委会工作的通知.

[129] 中国科学院 A013-00016-013 号档案 [R]. 关于派六名研究生去苏联学习计算数学的报告.

[130] 夏培肃. 计算所建所初期科技人员的培养情况 [C]. 中国科学院计算技术研究所三十年 (1956—1986), 1986.

[131] 中国科学院 A013-00035-013 号档案 [R]. 请发给苏联专家斯梅格列夫斯基感谢状的报告.

[132] 中国科学院 A013-00049-001 号档案 [R]. 1958 年三室工作总结及 1959 年工作计划.

[133] 中国科学院数学与系统科学研究院计算数学与科学工程计算研究所. 冯康文集[M]. 北京: 科学出版社, 2020.

[134] 袁亚湘. 冯康先生纪念文集[M]. 北京: 科学出版社, 2020.

[135] 冯端. 纪念冯康院士诞辰 90 周年 [C]//丘成桐, 等. 女性与数学. 北京: 高等教育出版社, 2011: 109-124.

[136] 清华大学人事处 2-5-001 号档案 [R]. 清华大学教职员名册 (1950 至 1952 年).

[137] 郭金海. 抗战后清华大学数学系的系务问题与师资危机 [J]. 内蒙古师范大学学报 (自然科学汉文版), 2009, 38(5): 604-609.

[138] 丁石孙口述, 袁向东, 郭金海访问整理. 有话可说: 丁石孙访谈录 [M]. 长沙: 湖南教育出版社: 2013: 59.

[139] 刘亚星. 悼冯康同志 [J]. 数学季刊, 1993, (4): 111.

[140] 胡晓菁. 中国科学院选派留苏生的探索 [J]. 中国科技史杂志, 2018, 39(4): 456-466.

[141] 庞特里亚金. 组合拓扑学基础 [M]. 冯康, 译. 北京: 中国科学院编译局, 1954.

[142] 中国科学院 Z370-00031-004 号档案 [R]. 数学所 1955 年研究工作计划与研究题目计划.

[143] 中国科学院 A013-00005-012 号档案 [R]. 全国第二次数学论文报告会张克明关于筹建情况的讲话.

[144] 胡亚东, 郑哲敏, 严陆光, 等 (口述), 杨小林 (访问整理). 中关村科学城的兴起 (1953-1966) [C]. 长沙: 湖南教育出版社, 2009.

[145] 中国科学院 Z370-00033-005 号档案 [R]. 数学所 1957 年人员工资转移证及工资通知单.

[146] 中国科学院 A013-00016-004 号档案 [R]. 关于我所计算数学方面工作报告.

[147] 北京应用物理与计算数学研究所. 峥嵘岁月 [M]. 北京: 北京应用物理与计算数学研究所, 2014.

[148] 萧超然. 北京大学校史 (1898-1949) [M]. 上海: 上海教育出版社, 1981.

[149] 丁石孙, 袁向东, 张祖贵. 北京大学数学系八十年 [J]. 中国科技史料, 1993, 14(1): 74-85.

[150] 北京大学数学学院. 北京大学数学学科百年发展历程 (1913-2013) [C]. 北京: 北京大学数学学科百年发展历程, 2013.

[151] 郭金海. 抗战前北京大学数学系的课程变革 [J]. 中国科技史杂志, 2015, 36(3): 280-299.

[152] 林建祥. 对北大数学系计算机科学的孕育过程的回顾 [EB/OL].[2020-01-18] http://www.math.pku.edu.cn/teachers/mxw/cs-linjx.html.

[153] 吴文达. 我尊敬的老师徐献瑜 [J]. 高等学校计算数学学报, 1990, (4): 3.

[154] 北京大学档案馆档案 [R]. 北京大学数学力学系设立计算数学专业的初步规划.

[155] 北京大学档案馆档案 [R]. 数学力学系十二年远景规划草案.

[156] 北京大学档案馆档案 [R]. 华北地区高等学校招生工作简报.

[157] 北大数学科学学院. 北大数学百年学生名录本科生 1951 级-1960 级 [EB/OL].[2020-02-15] http://www.math.pku.edu.cn/mathalumni/yymd/yyw_bks/29143.htm.

[158] 曾抗生. 在远方和故乡: 人生回顾 [M]. 杭州: 浙江大学出版社, 2017: 24-98.

[159] 宋瑶. 余梦伦: 转入计算数学专业 [J]. 太空探索, 2019, (5): 71.

[160] 丛中笑. 王选传[M]. 北京: 科学出版社, 2016: 49.

[161] 胡祖炽. 计算方法 [M]. 北京: 高等教育出版社, 1959.

[162] 张世龙. 燕园絮语 [M]. 北京: 华龄出版社, 2005: 18-56.

[163] 吉林大学搜狐号. 院士袁亚湘、江松、张平文等业内大咖把脉我吉数学学科发展 [EB/OL].[2019-10-23] http://www.sohu.com/a/135239573_407320.

[164] 吉林大学校史编委会. 吉林大学史志: 1946-1986 [M]. 长春: 吉林大学出版社, 1986.

[165] 伍卓群. 吉林大学数学学科是怎样发展起来的 [C]. 丘成桐, 杨乐, 刘克峰等. 百年数学. 北京: 高等教育出版社, 2014: 115-122.

[166] 吉林大学档案馆第 10 卷 94 号档案 [R]. 东北人民大学 1955 年科学研究计划及各系教研室 12 年长远规划.

[167] 田方增. 记惨加 1956 年全苏泛函分析及其应用会议的经过 [J]. 数学进展, 1956, 2(2): 729-732.

[168] 康脱罗维契. 泛函分析与应用数学 [J]. 关肇直, 译. 数学进展, 1955, 1(4): 638-741.

[169] Kantorovich L V. Leonid Vitaliyevich Kantorovich-Autobiography[EB/OL]. [2019-11-11] http://www.nobelprize.org/nobel-prizes/economic-sciences/laureates/1975/kantorovich-autobio.html.

[170] 吉林大学档案馆第 11 卷 13 号档案 [R]. 东北人大关于制定本校 12 年规划的初步意见.

[171] 匡亚明. 探索并创造大学与科学院密切合作的经验 [M]//南京大学高等教育研究所, 匡亚明教育文选. 南京: 南京大学出版社, 2000, 25-28.

[172] 吉林大学档案馆第 11 卷 54 号档案 [R]. 一九五六年聘请专家工作计划、谈话记录.

[173] 吉林大学档案馆第 12 卷 25 号档案 [R]. 东北人大关于专家工作的请示报告.

[174] 冯果忱. 冯果忱数学论文选 [M]. 长春: 吉林大学出版社, 2014.

[175] 吉林大学档案馆第 12 卷 168 号档案 [R]. 高教部关于人事工作的批复.

[176] 吉林大学档案馆第 12 卷 193 号档案 [R]. 研究生名册和 57-58 年校内外进修教师名册.

[177] 伊·彼·梅索夫斯基赫. 计算方法 [M]. 吉林大学计算数学教研室, 译. 北京: 人民教育出版社, 1960.

[178] 吉林大学档案馆第 13 卷 26 号档案 [R]. 东北人民大学概况介绍及专门化设置、开课情况.

[179] 吉林大学档案馆第 14 卷 150 号档案 [R]. 苏联专家梅索夫斯基赫在校活动情况和谈话记录.

[180] 王德滋. 南京大学百年校史 [M]. 南京: 南京大学出版社, 2002.

[181] 熊秉衡, 熊秉群. 父亲熊庆来 [M]. 昆明: 云南教育出版社, 2015.

[182] 徐家福. 南雍骊珠: 中央大学名师传略 [M]. 南京: 南京大学出版社, 2004.

[183] 陈省身. 九十初度说数学 [M]. 上海: 上海科技教育出版社, 2001.

[184] 徐家福. 南雍骊珠: 中央大学名师传略再续 [M]. 南京: 南京大学出版社, 2010.

[185] 白苏华, 周德学, 杨亚岚. 四川数学史话文集 [M]. 成都: 四川大学出版社, 2016.

[186] 陆渝蓉. 半个世纪的情和爱: 回忆我在南大的学习生活 [M]//高蓬. 永恒的魅力: 校友回忆文集, 南京: 南京大学出版社, 2002: 305-306.

[187] 南京大学档案馆教务科 172 卷 72 号档案 [R]. 南京大学行政负责人员与教师名册.

[188] 中国科学院 Z370-00031-002 号档案 [R]. 1956 年全苏泛函分析会议日程.

[189] 南京大学档案馆 034 卷 265 号档案 [R]. 南京大学数学系专门化开设情况.

[190] 南京大学档案馆教务科 048 卷 386 号档案 [R]. 本校新设专业的报告与批复.

[191] 南京大学档案馆教务科 083 卷 66 号档案 [R]. 教育部、本校关于填报教师及负责干部名册的通知、报表.

[192] 丁玖. 纪念何旭初先生 [M]//高澎. 南京大学百年校庆新闻集锦. 南大您好: 南京大学百年校庆新闻集锦, 南京: 南京大学出版社, 2003: 261-262.

[193] 李庆扬. 计算数学专业记事 [C]//清华大学丘成桐数学科学中心, 清华大学数学科学系. 清华数学 90 年. 北京: 2017: 138-140.

[194] 清华大学计算机科学与技术系. 智圆行方: 清华大学计算机科学与技术系 50 年 [M]. 北京: 清华大学出版社, 2008: 50.

[195] 陈旭, 贺美英, 张再兴. 清华大学志 (1910-2010): 第 3 卷 [M]. 北京: 清华大学出版社, 2018: 387.

[196] 朱清时. 中国科学技术大学编年史稿 [M]. 合肥: 中国科学技术大学出版社, 2008: 1-4.

[197] 史济怀. 中国科学技术大学数学五十年 [M]. 合肥: 中国科学技术大学出版社, 2009: 5.

索　引

后　记

在本书完成之际，我十分感谢带我进入数学史研究领域的邓明立教授。2010年，我本科毕业于河北师范大学数学与应用数学专业。蒙邓老师青睐，我被保送为他的博士研究生。在攻读学位期间，邓老师为我提供了优越的学习条件，制定了详细的培养计划。在他的指导下，我受到了近现代数学史研究的专门训练，为之后从事其他相关研究打下了基础。

2015 年博士毕业以后，我有幸到南方科技大学数学系跟随汤涛院士从事博士后研究工作。这里我特别感谢汤老师接受我做博士后的请求。汤老师是计算数学家，他十分支持数学史研究，鼓励我研究中国计算数学的历史。他积极帮助我联系一些重要的计算数学家，全力支持我到全国各地搜集资料、开展访谈。可以说没有汤老师的指导帮助，本书是绝对不可能问世的。

这里要特别提到刘建亚教授与汤老师联合主编的《数学文化》杂志，这本杂志自创刊以来始终伴我成长，如今已有十二个年头。在邓老师与汤老师的介绍下，我有幸参加了《数学文化》的年度会议，结识了多位编委老师与特约作者。编委老师和特约作者们以传播数学文化为己任，其奉献精神使得我深受感染。本书有部分内容曾在《数学文化》刊出，对此我深感自豪。

如汤老师在《数学文化》十周年特刊的纪念文章"十年数学刊、十年数学情"中所描述的那样，南方科技大学数学系刚成立时没有博士后流动站，所以我是注册在武汉大学的博士后，由杨志坚教授与汤老师共同指导。杨老师也是计算数学家，他不辞辛苦地到深圳参加我的博士后中期考核与出站答辩，并邀请我到武汉大学访问交流，对此我十分感激。此外，我还得到了黄鸿慈、何炳生、丁玖、李铁军、张然、周涛等计算数学家的帮助和鼓励，在此一并致谢。

2017 年底，我非常荣幸地进入中国科学院自然科学史研究所工作。自然科学史研究所在数学史研究方面底蕴深厚，李俨与钱宝琮两位先生建所伊始即来此工作。研究所具有浓厚的研究氛围、宽松的科研环境与优越的办公条件，张柏春、韩琦、田淼特别是孙烈、郭金海、孙承晟、王公从科学史的视角、理论和方法给我提供了很多指导和帮助。数学史学界的青年才俊郑方磊、郭园园、潘澍原、王晓斐、周霄汉也提出了不少有益的建议。

本书的写作基于部分档案资料。在查阅与摘抄档案的过程中，笔者得到了中国科学院、北京大学、吉林大学、南京大学多位老师以及档案馆工作人员提供的各种帮助，特此致谢。本书的写作还基于一些口述史料。这些访谈资料的获取十分难得，将随着时间的流逝而日益珍贵。笔者对诸位受访者与帮助安排访谈的专家学者表示诚挚的感谢。

在出版过程中，除得到国家自然科学基金数学天元基金（NO.11826035，12126502）的资助外，笔者还得到了中国科学院自然科学史研究所"十四五"重大项目与中国科学院青年创新促进会项目（NO.2021148）的支持。科学出版社王丽平编辑为本书的出版付出了很多心血。由于学术能力有限，书中出现不实、疏漏之处在所难免。对此，笔者深表歉意并欢迎读者批评指正！

王　涛

2021 年 12 月

《天元数学文化丛书》已出版书目

(按出版时间排序)